LA VIE AMOUREUSE DES FLEURS
DONT ON FAIT LES PARFUMS

DU MÊME AUTEUR

GENÈSE DE L'AMOUR

1. LES FABLES DE L'ENFANCE

Le Cœur dans sa gousse (Robert Laffont, La Renaissance du Livre)
Julienne et la rivière (Robert Laffont, La Renaissance du Livre)
Blaise Menil mains-de-menthe (Robert Laffont, Espace Nord, La Renaissance du Livre)
Nicolas Gayoûle (Robert Laffont)
Les Gestes du commencement (Robert Laffont)

2. L'AMOUR AU NATUREL

L'Amour au jardin (Phébus, Libretto)
L'Amour en eaux dormantes (Julliard)
L'Amour en forêt (Julliard, Pocket)
La Sexualité d'un plateau de fruits de mer (Julliard, Pocket, Le Grand Livre du Mois)
La Sexualité domestique (Julliard)
Amours en vol (Julliard)
L'Épopée amoureuse du papillon (Julliard)
Les Amours de Sailor le chien (Julliard)
La Vie amoureuse des fleurs dont on fait les parfums (Julliard)

(suite en fin de volume)

JEAN-PIERRE OTTE

LA VIE AMOUREUSE DES FLEURS DONT ON FAIT LES PARFUMS

Julliard
24, avenue Marceau
75008 Paris

ISBN 978-2-260-01762-2

Cet ouvrage achève le cycle de
L'AMOUR AU NATUREL :

1. L'Amour au jardin
2. L'Amour en eaux dormantes
3. L'Amour en forêt
4. La Sexualité d'un plateau de fruits de mer
5. La Sexualité domestique
6. Amours en vol
7. L'Épopée amoureuse du papillon
8. Les Amours de Sailor le chien
9. La Vie amoureuse des fleurs dont on fait les parfums

Pour M.,
quand désirer une femme
c'est en même temps désirer
le jardin qu'elle contient.

Le vent refoulait des fumées rosâtres sous l'auvent où nous étions, Jacques-Henri et moi, occupés autour d'un alambic de fortune à la fabrication de parfums que nous destinions à nos femmes, aux amies de nos femmes et à nos propres amies. Tout un harem intime, averti de nos affairements, attendait en coulisse d'en respirer le résultat.

C'était un été dans les années quatre-vingt-dix. Les cigales cisaillaient dans les arbres, les grillons s'égosillaient dans les herbes sèches, les pêches de vigne roulées au sol s'alcoolisaient en alertant l'abeille et le bourdon. Dans les lointains, un air crayeux estompait l'alternance des crêtes et des combes.

Chirurgien en gynécologie aujourd'hui à la retraite, Jacques-Henri avait conservé de ses fonctions passées une froideur tranquille qui semblait toujours sans états d'âme. Il offrait une figure assez fascinante, une netteté de teint, des cheveux lisses d'un gris argent, des yeux clairs, et de longs doigts aux ongles coupés court. En chaque tâche qu'il entamait après y avoir longtemps réfléchi sous un air d'absence, il faisait toujours montre d'une méticulosité clinique et d'une science précise.

Jacques-Henri avait imaginé de construire un alambic à partir d'une marmite à pression placée sur un réchaud à gaz. Tandis qu'il opérait, il me disait, sans quitter l'ouvrage des yeux, « pince », « tenaille », « câble de section » ou « serre-joint », et je m'exécutais aussitôt en bon assistant. La soupape de sécurité enlevée, il avait ajusté à l'endroit un tuyau de plastique, qui plongeait ensuite dans une bassine d'eau glacée puisée à la citerne. Peu après qu'il avait allumé le réchaud, un bouillonnement se faisait entendre à l'intérieur, des fumées fusaient, et au sortir du tuyau, goutte à goutte, la liqueur était recueillie dans un verre ballon.

Les alcools que nous obtenions de la sorte étaient assez subtils mais de qualité fort peu odorante. Par contre, ils pouvaient se boire. Et tandis que Jacques-Henri parlait des figures féminines qu'il y a dans Balzac dont il relisait en boucle *La Comédie humaine,* comme si les femmes de notre entourage n'étaient rien en regard de celles-là, livresques et virtuelles, nous dégustions à la pipée ces eaux-de-vie obtenues à partir de macérations de pêches, de griottes ou d'abricots – ce qui était loin du but aromatique recherché.

Le hasard se manifestant pour les esprits préparés, nous trouvâmes sur une brocante, à l'étal d'un bouquiniste, une brochure qui expliquait la fabrication des parfums par deux manières, l'extraction et la distillation, selon les techniques que l'on perpétuait à Grasse.

Nous apprîmes que le mot parfum était apparu tardivement dans la langue française, vers 1550. Dérivé du verbe *fumer*, le mot évoquait les substances odorantes que l'on brûlait au cours des rituels religieux, comme l'encens, la myrrhe du balsamier et d'autres résines aromatiques. Je ne pouvais m'empêcher, quant à moi, dans une sorte de rapt à travers le temps, de remonter jusqu'à la préhistoire quand, à l'intérieur de la caverne, les flammes éclairaient les visages et qu'il y avait à humer le fumet des cuissons, puis cela qui était jeté sur les braises à titre d'expérience empirique : des aiguilles de pin, des résines de mélèze, des graines de chènevis ou d'anis, des feuillages d'armoise, des écorces, des champignons et des châtaignes, d'autres substances encore, dont les fumées délivrées développaient toujours plus diversement le nez.

Dans la brochure, il était d'abord question de techniques primaires de fabrication, notamment l'expression qui permet par simple pression d'extraire l'essence contenue dans l'écorce des fruits. Jacques-Henri estima que ces premiers procédés ne permettraient pas le raffinement que nous souhaitions, et nous ne nous y essayâmes même pas.

Les premiers résultats plus que satisfaisants que nous obtînmes le furent par la méthode de l'enfleurage à froid. Pour cela il nous fallut construire des châssis, assez semblables à ceux que l'on utilise en sérigraphie, que Jacques-Henri assembla avec soin, demandant tour à tour l'égoïne, le serre-joint, la scie à onglet et le tournevis, moi, l'éternel assistant, m'exécutant à ses côtés.

Sur ces châssis nous étalions ensuite une couche de graisse animale, tel le saindoux, sur laquelle nous allions déposer des fleurs fraîches, renouvelées de jour en jour, jusqu'à ce que la graisse fût saturée de leurs fragrances.

Les fleurs fragiles, ainsi la rose et la violette, devaient être cueillies à l'aube, le jasmin dès avant le lever du jour et le chèvrefeuille dans la nuit. Nous fîmes d'autres essais nombreux, en tous sens et selon les occasions du jardin, notamment avec des fleurs d'abricotier, d'églantier et de pêcher, des mélisses, des sauges, du romarin, de la tanaisie, des giroflées des murailles. Les résultats obtenus n'étaient pas toujours d'un grand intérêt, mais la pratique aventureuse permettait d'élargir et d'enrichir nos premiers savoirs olfactifs. L'expérience nous apprit qu'un préfanage de plusieurs jours était nécessaire pour la lavande et que l'œillet ne livrait son parfum que si on le récoltait après qu'il eut été bien insolé dans la matinée.

La graisse saturée par les couches de fleurs, renouvelées de matin en matin, pouvait être alors utilisée telle quelle en « concrète » – une substance visqueuse qui, en se refroidissant, constituait bientôt une sorte de cire – que l'on pouvait transformer encore en « absolue », en la chauffant et en la mélangeant à de l'alcool non dénaturé.

Selon une méthode approchante, l'enfleurage pouvait être réalisé à chaud lorsque les fleurs sont moins fragiles, tels le réséda, le mimosa ou l'œillet, que l'on plongeait à mesure dans une même graisse animale fondue au bain-marie, et que l'on laissait infuser quelques jours. Après quoi la graisse était filtrée, et la concrète obtenue pouvait être transformée en absolue, comme déjà dit dans la première manière. L'enfleurage à froid donnait toutefois de meilleurs succès.

Nos premiers parfums floraux étaient nés. Déjà nous les offrions à nos femmes en petites fioles étiquetées, surmontées d'un vaporisateur. Ils furent appréciés à divers degrés, les unes et les autres les vaporisant d'abord au pli du poignet et les respirant avec gravité, pour ensuite, assez souvent, nous complimenter et se les partager entre elles selon l'affinité. Jacques-Henri et moi recevions les éloges sous des dehors de vraie modestie ; ce n'était là qu'un début, nous avions déjà en tête de nous livrer à des compositions et à des mélanges.

L'année suivante, bien que l'enfleurage permît d'obtenir des résultats probants, plus que satisfaisants, Jacques-Henri voulut revenir à la distillation. Il repartit de la marmite à pression qu'il surmonta à partir de la soupape de sécurité d'un tuyau cette fois en serpentin. La cuve enfermant les fleurs dans de l'eau de source était chauffée et mise sous pression. En traversant le serpentin et en se refroidissant, la vapeur se condensait et nous obtenions à chaque fois une huile essentielle, l'esprit même des matières florales qui venait en notes de tête et en notes de fond. La séparation essence et eau se faisait ensuite naturellement, l'huile flottait en surface et pouvait être aisément recueillie. Si on la mélangeait à de l'alcool de vin rectifié, un nouveau parfum était né. Il ne restait qu'à enlever les fils de cire et les éléments qui pouvaient le troubler : le filtrer pour le rendre limpide, comme si la magie envoûtante d'une fragrance ne pouvait être complète que dans la transparence.

Pour fixer ce parfum, la brochure conseillait d'utiliser des substances animales telles que le musc à consistance de miel produit par les cervidés ou l'ambre provenant des concrétions intestinales du cachalot, que l'on recueille sur les plages de la Baltique. Ce fut encore sur une brocante que nous trouvâmes un ancien collier d'ambre ; nous l'achetâmes pour un prix assez dérisoire en prétextant qu'il était dégarni et monté sur une structure fort abîmée. De retour dans notre atelier, nous nous mîmes en devoir de faire fondre les petits cailloux translucides où jouait sans fin la lumière, pour assurer la fixation. Même sous des dehors encore d'apprentis sorciers, nous commencions, Jacques-Henri et moi, à devenir savants et nous allions bientôt nous montrer audacieux dans la composition, les alliages et les mixtions.

Sur la petite étagère à claire-voie où nous réunissions nos trésors, de plus en plus de fioles s'étaient accumulées, chacune étiquetée : rose, violette, œillet, iris, lavande, jasmin, chèvrefeuille... Par tant de gouttes de celle-ci, tant de gouttes de celle-là, il nous fallait allier la fraîcheur, la finesse et la suavité, créer l'harmonie, l'ampleur et le sillage, quand c'est l'unité d'un parfum qui captive.

Procéder à des mélanges subtils, c'était comme s'adonner à une œuvre musicale avec des notes de tête venant en notes aiguës sur la partition, ainsi les huiles essentielles citronnées qui seraient perçues en premier ; les notes de cœur qui devaient caractériser le parfum par des senteurs florales ; enfin, les notes de fond, en notes graves, en archet de contrebasse, qui créaient le sillage, l'effluve qui persiste en résonance après que les premiers effets se sont évanouis.

Dans la brochure à laquelle nous nous reportâmes une fois de plus, sept grandes familles olfactives étaient définies. Les floraux élaborés autour d'une ou de plusieurs senteurs florales, telles que le jasmin, la rose, la violette ou le narcisse. Les chyprés construits sur un accord de bergamote et de mousse de chêne. Les fougères sur une alliance de notes boisées et de coumarine. Les cuirs avec leurs senteurs mêlées de miel et de fumée de tabac. Les boisés dominés par le santal, le cèdre et le vétiver. Les orientaux dans leur accord en notes poudrées de vanille et de musc. Et les hespéridés fabriqués à partir de zestes de citron, d'orange ou de mandarine, qui constituent la dominante des eaux de Cologne.

À dire vrai, Jacques-Henri et moi, nous nous perdions dans toutes ces familles olfactives, sans d'ailleurs bien les distinguer. Sur le seuil subliminal d'un monde subtil et complexe de variétés et de variations à l'infini, nous nous égarions aussitôt dans le labyrinthe des senteurs, multipliant les essais et les expériences, sans obtenir de résultats vraiment étonnants. Le nombre incroyable des alliances possibles nous décourageait. Il y fallait un savoir, un art, un talent que nous n'avions pas : ce n'est pas aussitôt que l'on s'improvise parfumeur et que l'on se porte à la hauteur inventive d'un César Birotteau.

Je proposai alors de partir plutôt de la figure féminine pour laquelle nous voulions élaborer un parfum personnalisé. C'était plus simple de composer en ayant l'idée, même approximative, de ce qu'il s'agissait d'obtenir à partir de nos fioles, en parfaite correspondance ou en résonance avec celle à laquelle nous songions. Jacques-Henri me regarda d'un œil impassible, presque suspicieux, mais je le sentis surpris et réjoui de cette inspiration qui nous ouvrait d'autres voies correspondant mieux à nos aptitudes d'amateurs.

La sexualité féminine n'est-elle pas proche de la sexualité des fleurs quand il s'agit d'attirer par le parfum et le fard, l'allure et la couleur celui-là, ceux-là qu'une femme veut attirer, ensorceler même, en opérant par sélection olfactive ?

À l'aide de pipettes de verre et de compte-gouttes, nous nous étions remis à mélanger les essences, cherchant à élaborer le parfum que nous destinions à telle ou telle, qui s'accorderait à sa beauté particulière, à « ce qui se dégageait de son être », la traduirait, traduirait *l'idée sensible* que nous nous faisions d'elle

C'était à chaque fois un cocktail que nous voulions raffiné, un petit concert d'effluves précieux et de fragrances fines, tantôt fruité, tantôt épicé, capiteux ou délicat, qui exprimait tour à tour la sensualité, le mystère, la fluidité sentimentale, tel tempérament ou telle impression, la part ensoleillée ou enténébrée d'une figure féminine. La fragrance devait la précéder et la prolonger, en accentuant son caractère, disant ses attentes comme ses envies, sa volonté « d'être celle-là », ou « de paraître autre », toujours dans une perspective de charme et de séduction.

Anne-Charlotte se voulait mystérieuse : eh bien, il s'agissait de composer pour elle avec des dominantes de miel, de tabac, de notes boisées et d'ombre. Cécile était de nature intrigante : il fallait donc des senteurs épicées, poivrées, qui vous étourdissent la tête, le cœur, la chair et l'âme, et laissent un sillage profond pour susciter le regret de l'avoir manquée au passage et le désir de la retrouver à l'avenir.

Aurore de nature fort sensuelle demandait un parfum de volupté, réunissant des tubéreuses et d'autres fleurs en grappe, avec en notes de tête les éléments capiteux de certaines roses.

Une autre Cécile était sans ambiguïté aucune, et son parfum devait être à l'évidence dans l'harmonie, les tons unis, le volume léger et le sillage clair où sur les notes de fond reviendraient les premières notes de tête. Quant à Thérèse qui était timide, demandait-elle des notes discrètes ou fallait-il envisager au contraire des notes audacieuses, des arpèges d'intrigue, un alliage de brume, de vanille et de notes exotiques pour attirer celui-là qui pourrait la ravir à son complexe ?

Sa fille, Jackie, prenait des rondeurs à l'adolescence et appréhendait ses propres odeurs jusqu'à en avoir honte ; nous lui concoctâmes un parfum de camouflage, fort entêtant, à base d'abricot et de patchouli, avec tout de même dans la mixtion des accents de fraîcheur : verveine et citronnelle.

Sur cette lancée, Jacques-Henri nous composa un soir le meilleur déodorant ; il le fabriqua fort simplement avec de l'alcool non dénaturé mêlé à une eau de lavande, puis à une huile essentielle de sauge.

Quand nos parfums étaient prêts en nombre, nous réunissions les femmes et leur donnions à respirer les résultats, offrant à chacune le parfum personnalisé qui avait été imaginé pour elle. Certaines en étaient enchantées d'emblée, peut-être trop rapidement satisfaites en se disant que la chose avait été concoctée à leur intention, « rien que pour elles », et que, ne serait-ce que pour cette raison, elles devaient se montrer reconnaissantes. Quoi qu'il en soit, elles n'employaient plus que ces parfums-là dont nous avions eu soin de retenir les formules.

D'autres, par contre, estimaient que le parfum ne leur correspondait aucunement, qu'il manquait tout à fait de subtilité, ce qui nous renvoyait à nous-mêmes : était-ce maladresse ou incompétence de notre part, ou avions-nous fait preuve d'un manque de perception juste à leur égard ? Comme les unes respiraient le parfum des autres, il arrivait que la timide se plût davantage dans le parfum de l'intrigante, et l'intrigante elle-même, dans un parfum sans ambiguïté, sans doute par stratégie, pour donner le change.

Douze années avaient passé, et nos passions de distillateur s'étaient perdues, ce qui est dommage quand nos parfums faisaient assez souvent le bonheur de notre entourage féminin.

Sans doute le désistement était-il venu de moi en premier, car c'était le temps où je travaillais sans répit à la transcription des mythes de la création, dans un matelotage avec le monde des origines, voyageant par le texte parmi les tribus des deux Amériques, de l'Afrique noire et de l'Océanie. Jacques-Henri, se retrouvant seul dans l'atelier, n'y avait plus goût : je n'étais plus là, il n'y avait plus notre complicité, nos recherches et nos aventures olfactives en tandem, où nous nous complétions bien, lui par la technique et moi dans l'inspiration quelquefois insensée, qu'il corrigeait et améliorait aussitôt.

Il y a deux ans, Jacques-Henri s'en est allé dans l'autre monde. J'appris la nouvelle alors que j'étais en Islande. Rentré au pays, mon premier mouvement fut d'aller me recueillir sur sa tombe. Le bruit du gravier en marchant dans les allées m'emplissait l'espace entre les tempes et le feuillage des peupliers proches scintillait sous le vent, révélant un revers argenté qui effrayait les oiseaux. Devant sa tombe, j'éprouvai un grand vide, un désœuvrement de tout, une « mise en abyme » ; puis je sentis une paix évasive m'envahir, l'esprit perméable aux images du passé qui me revenaient en mémoire : les scènes sous l'auvent quand le vent refoulait les fumées rosâtres de notre alambic de fortune, et tous nos essais, nos tâtonnements, nos enfleurages et nos distillations, nos réussites comme nos résultats navrants, les cires perdues et les huiles essentielles, toutes nos fioles étiquetées d'un prénom de femme. Autant de souvenirs, de rapts et de ravissements à travers le temps, qui avaient presque encore la consistance du présent, ou qui, plus justement, rendaient au présent une consistance heureuse.

Cécile, qui avait été pendant quarante années la compagne de Jacques-Henri, m'apprit qu'il s'était éteint en toute dignité, faisant montre de cette froideur lucide et tranquille qui émanait continûment de sa personne. Elle évoqua des souvenirs intimes, persuadée, comme dans *L'Oiseau bleu,* que lorsqu'on songe à un défunt, il se réveille d'un long sommeil dans l'autre monde – ce qui m'émut beaucoup. À l'instant où j'allais partir, elle tint à me rendre l'alambic monté en serpentin de verre sur la marmite à pression, ainsi que tous les châssis d'enfleurage. Je les rangeai dans un coin dans l'atelier où je peins, pour les reprendre ce dernier printemps, me remettre à des travaux d'enfleurage. J'allai cueillir à l'aube la violette, la giroflée, le muguet et le chèvrefeuille, la lavande et le lilas, tout en m'intéressant, par un penchant qui n'étonnera personne, à la vie amoureuse de ces fleurs dont nous avions fait naguère des parfums.

Allons voir si la rose...

C'est sans doute en évoluant par croisements successifs à partir de l'églantier sauvage, que le rosier est passé de la nature à la culture et s'est diversifié, jusqu'à compter aujourd'hui plusieurs centaines d'espèces et plusieurs milliers de variétés, toutes bellement nommées : Jour de noces, Alchimiste, Belle Époque, Galaxie, Ailes d'Or, Grand Siècle, Pénélope, Débutante ou Moment Parfait, pour n'en citer que quelques-unes.

C'est fascinant, comme si on y trouvait en même temps pour soi-même les perspectives d'un possible et multiple épanouissement, de constater combien la nature est en mesure de réaliser les formes les plus inventives. Des formes à l'infini qui, même si elles n'existaient pas, auraient pu exister. L'évolution se plaît dans la variation, la variété, la pluralité des possibles, l'esthétique du divers chère à Victor Segalen.

Tantôt grimpant, tantôt arbustif, en buisson ou en espalier, le rosier, dans son extravagance créatrice, se donne sans cesse d'autres aspects, change de caractère, de profondeur et de ton, les fleurs des différentes espèces usant toutefois de semblables stratégies pour être fécondées et donner leurs fruits rouges.

Comment les merveilles de la nature pourraient-elles être approchées, partagées et comprises par qui ne communierait pas avec elles ? Comme saisir autrement que, sous la dynamique des apparences, chaque organisme vivant possède sa vérité intérieure, un caractère d'inévitabilité ?

Les plantes ont des perceptions sensorielles, mais du fait qu'elles sont différentes des nôtres, nous ne les reconnaissons pas ou nous ne pouvons les reconnaître. Elles sont un précipité de la vie et, toutes proches, s'épanouissent dans un monde vaste, subtil et complexe auquel, de prime abord, nous n'avons pas accès, tout simplement parce que nous sommes dépourvus des sens qui permettraient de le partager vraiment dans sa riche réalité. La différence dresse une frontière infrangible, et pourtant cette frontière est en même temps perméable, exposée à des infiltrations, à l'immigration clandestine. C'est par effraction, parfois par inadvertance, sans plus savoir de quel côté au juste on se trouve par rapport à cette frontière, que l'esprit fluide se hasarde et passe au travers, alors que du dehors, on cherche encore à détailler ce monde inconnu, à en saisir les lois d'harmonie et les propriétés intérieures, les efforts d'adaptation et les métamorphoses.

La méthode est alors de s'efforcer de comprendre le végétal à l'étape de son développement individuel en même temps qu'à celle de l'histoire évolutive à laquelle il appartient. De l'inscrire dans son cycle complet de croissance, qui revient sur lui-même au gré de ses développements. D'imaginer même ce développement avant de l'établir vraiment. D'en faire un récit de vie, des élans de la sève aux cris verts jaillis à l'écorce des branches, du bourgeon qui enfle et grossit environné le plus souvent d'une sorte de glu ou de salive visqueuse, quand la feuille produit ensuite la fleur souvent fragile et passagère, cette beauté fugace, ce ravissement fugitif que l'on peut comparer à la chenille qui s'est longtemps attachée à accumuler la matière nécessaire à l'accouchement de soi, et qui s'épanouit en papillon éphémère, « ce prodige du périssable dans l'éternité » selon Jünger.

Ce qui surprend dans la structure des tiges traçantes, au sein même du fourré qu'elles composent, c'est de les découvrir chargées d'aiguillons crochus – pour se défendre de quoi ? Le rosier a ses épines, ses ongles acérés, ses griffes dissimulées sous le feuillage, les dards étant de longueur inégale, le plus souvent recourbés, comme des serres d'oiseau de proie. C'est à l'évidence pour se préserver de toute invasion barbare, empêcher que l'on grimpe jusqu'aux sommités fleuries, interdire le pillage, protéger sûrement ses fruits rouges et ses greniers à graines.

La pie-grièche, que j'ai observée tout un après-midi, se sert toutefois de ces épines pour empaler ses proies ; elle se constitue là un garde-manger, met son gibier à sécher au vent ou, si le temps est à l'humidité ambiante, le laisse faisander pour en accroître le fumet. C'est ordinairement sur la ronce qu'elle se constitue des réserves bien utiles quand le temps sera venu de nourrir sa petite progéniture, mais cette fois c'était sur un de mes rosiers dont les feuilles rongées par une sorte de rouille s'étaient détachées, mettant à découvert les tiges chargées de leurs aiguillons recourbés tels des crochets de boucherie.

La gloire du rosier est bien évidemment dans la rose, laquelle débute en bouton, s'épanouit en jupons, expose ses parties fines en s'entrouvrant sans pudeur, et se termine en sacoches à graines : c'est le roman ordinaire de sa vie amoureuse.

L'architecture florale emprunte encore aux cinq pétales de l'églantier. Les pétales s'ajoutent en spire, font un froufrou aguichant, d'abord clos, en forme de pommeau ou de poire, comme un bourgeon compact, avant de s'ouvrir et de s'offrir, à la manière d'une ballerine renversée qui étalerait son tutu pour dévoiler ses jeunes trésors intimes.

La rose est autogame, c'est-à-dire qu'elle devient fruit par union des gamètes mâles et femelles dans le salon soyeux d'une même corolle en forme de coupe. Le pollen produit par les étamines se dépose sur les carpelles féminins, et la voilà fécondée, sans qu'elle puisse toutefois accomplir elle-même cette opération intime. Il lui faut un visiteur, un agent de liaison, un entremetteur entre étamines et styles, disons même un amant.

Si la rose reçoit dans son salon des insectes de diverses espèces, son amant préféré reste sans doute la cétoine dorée, surnommée d'ailleurs « hanneton des roses », et qui semble avoir été forgée dans quelque joaillerie secrète, revêtue ensuite d'un vert-jaune métallique élaboré par un alchimiste alliant la chimie à la spéculation mystique.

Cette cétoine, de quelle histoire sort-elle ? La réponse est bien sûr d'un œuf, cet œuf en bille blanchâtre assez minuscule étant lui-même le produit d'une étreinte anonyme. Les géniteurs, sans le savoir et sans s'occuper de couver ni d'éduquer leur progéniture, sortent eux-mêmes de billes blanchâtres semblables, et cela dans une chaîne sans fin, jusqu'aux sources obscures qui déclinent leurs existences.

Quand le temps de l'évasion est venu, la captive de la coquille ronge le chorion, le découpe au pôle supérieur en un tracé circulaire ; elle soulève le couvercle et débouche à l'air libre. La larve se développe sur les bois décomposés, se nourrit assez avidement de terreau, trouvant cent mets de choix dans la grande décomposition des feuilles qui retournent chaque automne à la terre mère, ces couches au sol en proie à toutes sortes de macérations et qui exhalent des odeurs d'alcool, profondes, ténébreuses, envoûtantes : c'est la vie incognito et gourmande au maquis.

Il ne faut pas moins de trois années à la cétoine pour se préparer à l'avènement, se faire à l'idée d'un dépassement, imaginer ses formes futures et réunir les pigments composant ce vert doré métallique qui fera sa gloire. Quand, grandissant d'année en année, elle a accumulé suffisamment de matière pour accoucher de soi, la nymphe se bâtit une loge, la façonnant à base de terreau ; elle s'y enclôt pour se livrer, sans plus remuer, à la métamorphose, à la mue imaginale programmée en chacune de ses cellules. C'est ensuite en forant une ouverture dans la loge qu'elle s'en libère, s'extirpe par des remuements vigoureux des pattes et des butées du front. Sortie tout à fait, elle se tient un long moment immobile, le temps pour elle d'acquérir progressivement sa coloration. Au premier regard, les sexes sont identiques, mais le mâle accuse une faible dépression au milieu de l'abdomen, tandis que cet endroit est parfaitement convexe chez la femelle

Réunissant ses forces, et cherchant comme un tremplin en elle-même, elle s'envole avec une aisance un peu lourde, sans s'élever très haut, empêchée sans doute par le poids. Ses élytres restent fermés, et c'est un décrochement de leur bordure latérale qui permet le passage de l'aile membraneuse.

Déjà elle se pose, sur une grappe odorante de lilas, sur le parterre couleur crème d'un sureau hièble, où aussitôt elle s'affaire des mandibules, se livre au pillage, se nourrit de nectar et se soûle des alcools intimes, en ayant toujours soin de bien s'agripper quand elle est pourvue à l'extrémité des pattes de sortes de crampons ou de crochets d'abordage.

Comme tous les coléoptères, la cétoine est dotée d'une mâchoire forte, de pièces broyeuses impressionnantes pour sa taille ; elle n'opère pas dans la délicatesse, mais dans une force brutale, qui ne ménage rien ni personne. Ainsi, elle mâchouille plus qu'elle ne butine les étamines, entame sans vergogne le tissu intime des fleurs, y faisant des déchirures et des blessures, que la fleur accepte sans cris quand son seul dessein est d'être fécondée. La cétoine que nous avons suivie du lilas au sureau s'envole encore, décrit un vol de reconnaissance à basse altitude et au hasard des senteurs qui lui parviennent ; elle remonte un sillage particulier qui l'intrigue, repère une rose et atterrit bientôt, sans douceur aucune, au cœur des jupons.

S'affairant comme à l'accoutumée, elle répand le pollen sur la part féminine réceptive de la fleur, la fouillant sans égards des mandibules et des pattes. Sait-on alors qu'une fois tombé sur la brillance nue des stigmates, le grain de pollen émet un tube pollinique qui traverse le pistil (il y a donc pénétration) et que c'est à la faveur de ce tube pollinique, grandi comme une antenne d'escargot, que les gamètes mâles s'acheminent jusqu'à l'ovule pour le féconder ?

Les accouplements des cétoines se font sur les fleurs mêmes, et ne sont pas d'une grande subtilité. Au contraire, précipités et répétitifs. Le mâle chevauche sa partenaire sans flirt ni préliminaires, estimant l'effort de séduction tout à fait superflu. On les voit se superposer, les partenaires ayant les yeux égarés dans l'espace devant eux. Ils se séparent promptement, chacun partant de son côté pour rencontrer peut-être un autre partenaire d'occasion, retrouver le premier mais sans le reconnaître autrement, et répéter leur étreinte brève.

Je fus témoin un matin d'une scène assez étonnante. Une cétoine mâle était occupée à fouiller une rose alchimiste et à la butiner quand un autre mâle lui tomba abruptement sur le dos.

Puisqu'ils peuvent à coup sûr se distinguer entre les sexes par le creux qu'ils ont ou n'ont pas au milieu de l'abdomen, la forme ne le trompait pas. Sans doute était-il abusé, grisé déjà par le parfum capiteux de la rose ; ou alors avait-il la curiosité d'un autre mode de relation, tenté par un plaisir inconnu ? Toujours est-il qu'il chercha à pénétrer l'autre comme s'il se fût agi d'une femelle, se recourbant un peu sur lui-même et s'agitant de façon spasmodique, tandis que le premier, offusqué, se démenait, se débattait avec force pour le décrocher de son dos.

La rose, qui s'en trouvait mieux encore fécondée qu'à l'ordinaire, n'y avait rien à redire, elle dont la seule morale partant de l'anatomie est d'être fécondée par union intime de ses parties opposées. Les deux partenaires, comme si rien ne s'était produit et qu'ils devaient aussitôt en effacer l'image de leur mémoire, se mirent à butiner côte à côte, mâchouillant de concert les étamines, pour ensuite se livrer à la sieste, sommeillant bientôt au cœur de la rose après s'être abreuvés d'ambroisie.

La double vie de Violette

Comme l'immobilité des plantes, leur enracinement même, leur interdit la recherche active de partenaires, faute de pouvoir aller à leur rencontre, elles n'ont que la ressource de les attirer à elles. Les fleurs s'ingénient donc dans l'attrait ; elles tirent leur forme inventive, leur architecture et leur allure d'un fond intime, d'un atelier dissimulé dans la fibre, et composent des parfums irrésistibles en notes de tête et en notes de fond qu'elles distribuent dans les airs comme autant d'invitations à les rejoindre en assurant les visiteurs de leur toute nouvelle disponibilité sur le marché des amours.

Dans ce répertoire de l'esthétique et des stratégies subtiles, la violette occupe assurément une place de choix. Son parfum est à nul autre pareil, et ses fleurs en corolle irrégulière à cinq pétales, et cinq sépales inégaux prolongés à la base par un appendice persistant, sont d'une couleur unique à laquelle d'ailleurs elle a donné son nom.

Ces fleurs semblent des yeux froids, observant le monde alentour sans paraître jamais s'émouvoir, même si ce mélange savant de bleu et de rouge qui fait le violet se dit aussi de la couleur que donne à la peau un afflux de sang provoqué par l'émotion, l'angoisse ou le grand froid. C'est dans la symbolique la teinte de la tempérance et de l'égalité d'âme, composée sur une juste proportion de lucidité et d'action réfléchie, d'un équilibre entre les sens et l'esprit, couleur aussi du secret et de l'apaisement.

Le plus surprenant, c'est de découvrir une double vie à cette petite violette très vivace et qui paraît pourtant pleine de modestie, de retenue et même d'une sorte de timidité, sa double vie se révélant tout à fait dans ses deux floraisons, l'une en figure du dehors et ouverte au monde, l'autre clandestine et cachée sous les feuilles qui se sont ensuite élargies pour empêcher toute indiscrétion.

Au gré de sa croissance, on remarque en alternance des étapes d'expansion et des moments de contraction. L'expansion du feuillage se poursuit par une contraction quand se forment le calice et les bractées. La feuille verte est rehaussée par la fleur et la plante subit alors une diminution sensible de sa vitalité. C'est comme un retrait de la vie sous sa simple forme végétative, un repli sur soi où l'on reprend son souffle et se réunit à nouveau dans toutes ses composantes pour permettre l'avènement manifeste d'une vie supérieure.

C'est un temps en suspens où elle se prépare à réussir son chef-d'œuvre. La plante va s'épanouir dans la fleur et sa couleur spécifique ; elle marque alors un nouveau retrait, s'accorde encore un répit, cette fois pour se concentrer sur les petits organes de la fertilisation, les étamines et le pistil. Elle se manifeste ainsi tout entière au monde.

La floraison printanière de la violette est bien connue. Tous ont à l'esprit ces yeux violets qui apparaissent au milieu d'une touffe qui ne s'élève pas beaucoup, dans une modestie d'apparence, un ordre de grandeur timide. Mais plus encore peut-être garde-t-on en mémoire son odeur suave et entêtante que l'on saisit au mieux lorsque l'on pince des pétales entre deux doigts pour s'en pénétrer. C'est le parfum dont ma grand-mère usait fréquemment, si bien que son visage, son aménité et sa générosité d'âme lui restent attachées ; il me suffit d'ailleurs de respirer la violette à chaque retour du printemps pour me retrouver dans un petit tourbillon de souvenirs clairs.

Le plus incompréhensible, c'est de découvrir que ces fleurs-là, si attrayantes, resteront le plus souvent sans donner aucun fruit. Soit qu'elles sont visitées tout de même mais demeurent stériles, soit qu'elles ne sont jamais visitées sans que l'on comprenne pourquoi, car les abeilles, notamment, sont fort attirées par le bleu et le violet. Serait-ce alors qu'il y a dans son parfum quelque chose qui décourage les prétendants, les dissuade de se poser, ou encore les prévient d'une sorte de péril ? L'énigme reste entière.

La violette révèle alors sa double vie par une seconde floraison, clandestine celle-là, et qui est souvent ignorée par nous. Après s'y être longuement préparée en secret, elle produit à la période estivale une nouvelle colonie de fleurs qui sont sans pétales, fermées sur elles-mêmes, et qui par autofécondation donneront fruits et graines.

Après que les premières fleurs se sont fanées, les feuilles se sont insensiblement agrandies, élargies, rapprochées pour constituer comme un chapiteau d'obscurité verte, à l'abri des indiscrétions. La violette se cloître. Sûre de ne pas être épiée, elle s'oriente vers l'agrément d'un mystère dérobé.

À couvert, les fleurs de la seconde floraison, d'un genre particulier et privé, n'éclosent jamais. En chacune de ces loges, la plante cède à un repli circulaire sur elle-même, à un oubli de tout et à l'insouciance d'une vie diminuée. Jamais ces fleurs ne s'ouvriront au monde, comme si elles n'avaient plus à subir ses lois, sa morale, ses contradictions et ses tumultes.

Dans la plus stricte intimité, la violette paraît

alors jouir de son identité la plus profonde, et d'abord du miracle de se sentir en vie ici même. Elle s'éveille à une existence mystérieuse, fine et troublante, où les frémissements semblent le prolongement de pensées vite évanouies.

Recueillie, elle sent ses minces organes s'émouvoir. Ce sont des tâtonnements minuscules, des tressaillements légers, le repliement des étamines vers la brillance nue des stigmates. Dans l'étreinte de soi, au secret de ce gynécée, elle opère délicatement la fusion féconde de ses parts opposées, qui donnera naissance à des fruits ovoïdes dont les graines seront charriées plus loin par les insectes, dispersées par eux. La violette trouve ainsi à se reproduire autre part, dans un ailleurs qui n'est peut-être d'abord qu'en elle-même.

La passion des résédas

C'est sans doute porté par une passion semblable à celle qui animait Ernst Jünger dans son *Journal des routes et jardins*, que je suis attiré toujours par les jardins clos le long des chemins, aux abords des villes et des villages, piqué d'une curiosité vive pour ces petits domaines secrets refermés sur eux-mêmes, ces ouches d'ombre rose et de fleurs écloses, enceints d'une treille ou de vigne vierge, d'une ceinture de cyprès, de nerpruns ou de buis taillés, enserrés parfois dans un mur de moellons, avec une grille étroite parcourue de sanguines.

On les découvre si parfaitement aménagés dans leurs moindres détails, leurs sentiers de gravier blanc, leurs parterres, leurs rocailles, leur gloriette ou leur tonnelle sous les glycines, que l'on se dit qu'un esprit subtil a suggéré d'instinct ces dessins, reportant une structure intime, un univers réduit aux seuls éléments nécessaires à son entendement. Cet esprit puise ensuite dans cette image sortie de lui et ajoute à ses songes l'exhalaison des fleurs, les rais dispersés de la lumière, la tiède transparence au-dessus des parterres.

Aménageant son jardin, c'est son âme qu'une femme aménage. Elle crée son monde secret et l'enclot à l'abri des yeux. Elle cueille là des *fruits intérieurs.* Les éclosions et les floraisons sont dans sa chair. La réverbération des murs, qui entretiennent la combustion blanche du soleil, se mêle au corps comme *une autre chaleur.* Elle se prélasse, ne fait rien ou s'affaire, coupe les roses, taille, gratte la terre avec un outil en patte de poule, serfouette, sème, plante, transplante, bouture, nettoie en fin de jour les églantiers de leurs excroissances mousseuses. Chaque fleur puise, dans l'obscurité remuée et aérée de ses racines, la clarté d'icône qui éclate dans sa corolle : salon de soie violette, alcôve de velours, petites lèvres s'ouvrant sur des palais de neige bleue ou de nuit rouge. Tout est ici réduit en miniature adorable d'un monde idéal. Les confidences restent dans le clos et n'en sortent pas.

Certaines femmes font une véritable fixation florale et ne s'attachent qu'à une seule fleur qu'elles cultivent et développent dans toute la variété de l'espèce. C'est une passion qui se veut exclusive, une focalisation, un élan d'élection pour les seules pensées, les primevères, les iris ou les sauges.

Dans cette fascination, la relation joue en court-circuit intime, comme si la fleur privilégiée parmi tant d'autres leur constituait un blason, un symbole ou un emblème. Si bien que si l'on détaillait la fleur on en apprendrait ou devrait en apprendre beaucoup sur la vérité ou la réalité intérieure de chacune de ces femmes, l'idée qu'elles se font d'elles-mêmes quand cette figure florale les traduit, les représente d'une telle manière subtile et secrète qui ne peut se dire avec des mots, justement. En quelque sorte : « Montre-moi la fleur qui t'obsède et je te dirai qui tu es. » Cette projection de soi s'opère en même temps dans une complicité, une connivence flagrante ou ineffable, leur fleur d'élection étant tantôt une image avantageuse d'elles-mêmes, tantôt un reflet, une image idéale pareille à l'inaccessible étoile des poètes.

Il m'est arrivé, lors d'un bref séjour dans le Gard, de faire la connaissance d'une femme à la retraite, Emilia, qui ne se plaisait que dans le réséda. Elle en cultivait une étonnante diversité, notamment le réséda blanc, le plant odorant aux anthères orangées recherché par les parfumeurs, le réséda nommé gaude dont elle tirait une teinture, et le réséda raiponce qu'elle consommait en légume.

Pour développer sa passion et en étendre sans fin le registre, Emilia s'évertuait même à créer de nouvelles figures hybrides en portant le pollen des étamines d'une variété sur le pistil d'un autre, et elle obtenait ainsi de nouvelles fleurs, tantôt tigrées, tantôt en camaïeux, auxquelles elle attribuait des noms d'héroïnes grecques, Pénélope, Perséphone, Circé ou Calypso. Les prodiges qu'elle obtenait dans les couleurs, Emilia eût voulu les réussir aussi dans les formes, au gré d'une liberté inventive, et elle rêvait de façon bien insensée à des résédas pleureurs ou à des espèces à vrilles, qui se fixeraient sur le mur de façade à la manière de la vigne vierge ou de la clématite.

Je passai tout un après-midi dans son jardin clos à détailler ses chers résédas et à observer le ballet incessant des abeilles que les fleurs attiraient moins par leur éclat qui est peu spectaculaire que par leur parfum vraiment capiteux, insinuant et subtil.

Les résédas sont des plantes herbacées annuelles ou vivaces d'un vert pâle, pouvant atteindre jusqu'à un mètre de haut ; les feuilles alternes, entières, dentées ou pennées, formant une rosette basale, s'étagent le long de la tige, comme un lotissement dans les airs. Les résédas apparaissent comme ces filles filiformes, élancées et graciles, que l'on voit dans les magazines féminins. Étirés, étroits de hanches, aspirés par le haut, on les dirait sculptés par quelque sœur d'un Giacometti, les doigts délicats travaillant à développer ci et là des feuilles lancéolées.

Les fleurs, ainsi que déjà dit, sont peu spectaculaires, ce sont des appas minuscules, des attraits ténus, une grâce étriquée, et au bout du compte, d'un agrément douteux. Par contre, elles sont fort odoriférantes, comme pour compenser le manque de prestige et de grandeur ; elles sont à quatre ou six pétales, groupées en inflorescence, grappes ou épis, et donneront des fruits munis de trois ou quatre dents aiguës (pour se préserver de l'appétit des autres), des fruits en capsules minuscules criblées de graines noires.

La particularité du réséda est d'être d'une espèce gymnosperme, entendez par là que l'ovule est à nu, porté par une feuille fertile, et que le pistil est échancré dans sa partie supérieure. Cette ouverture intime est en forme d'étoile, permettant un libre accès immédiat au gynécée, le pollen l'atteignant directement.

Dans l'approche de la sexualité des fleurs dont on fait les parfums, c'était une nouveauté, car chez les espèces observées jusqu'ici – dites angiospermes – on ne voit s'ouvrir l'organe femelle qu'après fécondation, les ovules restant dissimulés, enfermés, clos, cachés dans les carpelles. Et le gynécée n'est atteint par le pollen qu'après un long cheminement du tube pollinique depuis les stigmates en passant par le style.

Les fleurs de réséda, par leur fragrance particulière, entêtante et suave, attirent tout un cortège d'insectes qui s'acheminent en grimpant sur les tiges, ou, le plus souvent, par la voie des airs. Et c'est un ballet incessant, bruyant, bruissant, bourdonnant, résonnant au cœur des corolles, surtout d'abeilles qui volent d'une fleur à l'autre, empressées, minutieuses, tatillonnes ; elles fouillent des pattes et remuent du front les nombreuses étamines, laissent choir une partie du pollen sur les pistils échancrés en étoile, en emportent une autre part dans leur poil, visitent des fleurs voisines, puis s'en retournent lourdes de butin vers la ruche quand d'autres butineuses arrivent seulement sur les lieux, et la chorégraphie aérienne ne cesse pas, complexe, nombreuse et affairée dans le sillage des parfums, au privilège de l'ivresse.

Le muguet de mai

Il m'a toujours paru incongru et injuste de voir le brin de muguet associé aux cortèges du 1er Mai, alors que le travail n'est pas ou n'est plus une valeur en soi, et qu'une civilisation s'abaisse quand la plupart ne font pas dans la vie ce qu'ils voudraient faire, ce qu'ils pourraient ou devraient avoir l'audace d'imaginer pour leur propre vie. Le travail n'a jamais été qu'un détournement de l'être : c'est la règle superstitieuse de la fourmilière, liée à une très suspecte faute originelle, que nul en sa mémoire comme en son imaginaire ne se souvient d'avoir commise. Par une sorte de déviation perverse, on nous a même sublimé le châtiment, on en a fait une vertu. Le muguet méritait assurément d'autres associations et d'autres triomphes ; il demande d'abord à être célébré pour lui-même.

Vivace, le muguet se retire en hiver au sein de la terre. C'est un repli intérieur, une réclusion délibérée, comme d'un moine dans sa cellule, où il se livre à une vie lente, à une léthargie contemplative et silencieuse dans l'obscurité et l'oubli du monde, en trouvant en même temps à se protéger du vent froid, des frimas, de la brûlure du gel.

Au printemps, une petite lance verte apparaît, perce la couche de terre, l'effort s'exerçant dans la levée de la sève, et déjà cette première feuille grandit, s'élargit en figure elliptique. C'est au cœur de la lance, au creux, au pli de la feuille et de la tige, que la fleur se forme petitement, et on devine très tôt ses clochettes.

Le muguet se plaît dans les sous-bois, en lisière ou dans le maquis où sont des lumières tamisées par les branches, aux endroits où le terreau conserve une humidité interne à la faveur des ruissellements. Comme si c'était seulement dans l'ombre qu'il pouvait le mieux, par contraste, donner naissance à ses fleurs neigeuses et distiller l'odeur à nulle autre pareille qui fait sa renommée.

Cette plante herbacée se multiplie grâce à un rhizome traçant qui se ramifie à couvert, si bien qu'en sous-sol les plants sont reliés entre eux par un réseau secret de solidarité, une attache collective par le bas quand les fleurs, elles, semblent s'épanouir chacune dans une individualité, même si chacune est pareille aux autres, offrant leurs corolles petites et blanches, délicates et très odorantes, disposées du même côté de la hampe.

Le brin glabre qui porte le petit édifice floral est légèrement penché, incliné comme dans un recueillement. Les feuilles sont basales ; elles vont toujours par deux, se doublent en une feuille inférieure et une feuille supérieure, presque opposées.

C'est en détachant une de ces feuilles et la levant à la lumière, que l'on distingue son dessin intérieur. Le limbe est vert foncé et plutôt mat, sans reflets, et la forme des feuilles varie entre le lancéolé et l'ovale allongé. Toutes finissent en pointe et sont garnies de nervures parallèles qui convergent aux deux extrémités.

Découvrons à présent l'inflorescence. Les fleurs sont en grappe, chacune étant portée par un pédicelle. Elles sont blanches, d'un blanc de neige, d'un blanc de gel, et les cellules qui les composent, quand elles sont atteintes, traversées par un rai de lumière, ont des nuances imperceptiblement rosées. Le périanthe est en forme de clochette, sans tintement, plutôt étourdie de silence et exhalant ce silence autour d'elle qui semble inanimée, figée dans la matière d'un verre mince et embué.

Dans l'intimité sexuelle proprement dite, chaque corolle à demi close contient six étamines et un style. Le muguet est hermaphrodite, l'ovaire surplombe les étamines glabres, et les fleurs en grappe unilatérale sont toutes penchées, et même, dirait-on, renversées, répandant par-dessous un effluve très pénétrant, ce parfum subtil si particulier qu'elles diffusent quand elles sont prêtes à l'amour, et qu'il leur faut alerter des prétendants dans l'ombre (elles écartent d'emblée, dans l'attrait olfactif, les insectes qui ne se plaisent qu'au soleil).

La clochette florale, d'une si petite dimension, exiguë dans sa rondeur avenante, se refuse aux gros visiteurs : elle calibre ses amants, ne souhaite accueillir en son sein que des invités menus, des convives à taille fine. Elle se dérobe donc aux bourdons et aux faux bourdons, à l'abeille comme aux papillons, et n'alerte en fait que les petits insectes pérégrinateurs, dépourvus d'ailes, ou, quand ils sont ailés, des mouchettes à taille mannequin, des figures légères, émaciées à l'extrême, dont la fleur peut être assurée par avance du tact et de la délicatesse.

Dans cette sélection, les visiteurs qui cherchent à pénétrer le salon ovale de la fleur, comme celle-ci est inclinée, doivent le faire par le bas, opérer une petite ascension, comme on monte dans une bulle ou une cloche à plongeur. En même temps qu'ils fécondent chaque fleur, ils s'en trouvent récompensés par un alcool subtil dont ils se grisent à l'envi, les yeux aveuglés sans doute par la clarté neigeuse de l'alcôve.

En automne, le muguet donne des baies

arrondies et rouges, accrochées à la hampe comme autant de petits fanaux. Dans l'épanouissement ultime, c'est la note finale par laquelle, d'allure glacée quand il est en fleur, le muguet montre sa passion.

Le chèvrefeuille et les visiteurs du soir

Le chèvrefeuille s'établit partout en ayant soin de se mettre en évidence, que ce soit en bordure des murets, en lisière du sous-bois, dans le mouvement de la haie ou en terrain découvert. Le regard le remarque aussitôt et, plus encore, le nez le repère quand il diffuse son odeur entêtante et miellée à la tombée du soir, dans l'attente réceptive de ses visiteurs.

Sec et décharné en hiver, dépouillé de ses feuilles tombées lorsqu'elles ont terminé leur fonction, on le croirait mort, en léthargie suspecte, dans un abandon sans âme, jusqu'à ce qu'il reprenne vie, sa respiration dans la respiration même du monde, sa sève dans la sève essentielle de tout l'univers. Il se renouvelle alors dans la poussée impatiente des feuilles nouvelles et se refait une beauté.

Mais c'est en hiver, par la pelade de l'écorce sèche, que l'on perçoit le mieux comment ses rameaux, dans les tiges maîtresses autant que dans celles qui s'ajoutent d'année en année, s'enroulent dans le sens des aiguilles d'une montre. Comme s'il cherchait à s'accorder à la roue du temps, à la rotation même de la terre, tournant autour d'un axe fixe tout en se déplaçant le long de cet axe. C'est en spirale que l'arbrisseau s'édifie tout à la fois par un mouvement d'expansion et dans un repli intime, secret, sur lui-même.

De par sa structure, celle d'une liane arbustive, qui pourtant ne s'enlace ni ne se lie à rien, le chèvrefeuille se suffit à lui-même et se compose dans ses parties. Avant d'être vêtu dès février de ses feuilles opposées, ovales et brièvement pétiolées, orné ensuite de ses fleurs que l'on dirait de verre filé, il est d'abord constitué par ses lignes, son architecture, ses progressions indirectes à l'élévation, songeant à s'élargir de part et d'autre, et à prendre toute sa place dans l'espace.

Dans *La Métamorphose des plantes,* Goethe a trouvé merveilleux d'avoir des idées sans le savoir, de les découvrir là sous ses yeux quand le simultané et le successif sont intimement liés dans une inspiration alors qu'ils sont toujours séparés dans l'expérience. Il qualifie de mâle la croissance verticale de la racine à la cime avec sa force portante. À la croissance en spirale qui se dissimule pendant le développement de la plante et qui prend le dessus à la floraison et à la formation mystérieuse des fruits, il donne le nom de femelle.

La racine cherche l'humidité et l'obscurité tandis que la tige s'élance vers la lumière : une force ascensionnelle s'oppose à celle de la gravité. Newton explique la chute des corps, la tombée d'une pomme, mais non le phénomène inverse : comment le fruit réussit-il à parvenir si haut ? Il convient dès lors d'envisager la terre comme entourée et pénétrée par un champ de forces opposé sous tous ses aspects au champ de la gravitation terrestre.

Grave et mâle par la structure forte de ses rameaux, le chèvrefeuille révèle sa grâce, son humeur gracieuse dans l'intimité féminine de ses fleurs que l'on dirait, comme déjà dit, de verre filé. Tout en délicatesse, en finesse et en élégance, elles sont un parfait prodige aérien. Si on tente de les décrire, il y faut un doigté d'orfèvre, une précision inventive de joaillier.

Ces fleurs ont cinq à six centimètres de long et s'organisent en capitule dense avec de très petites bractées à la base ; elles offrent deux lèvres, une corolle couleur crème, tantôt jaunâtre, tantôt teintée de rouge et qui devient orangée après la pollinisation. Hermaphrodites, elles réunissent les deux sexes. Cinq étamines saillantes portent à leur extrémité un sac de pollen, quand il n'y a qu'un seul style de réception.

Le plus étonnant, c'est que ces fleurs sont construites sur un tube très long et très étroit, si bien que le nectar qui vient récompenser le visiteur pour une fécondation qu'il accomplit à son insu ne pourra être atteint que si celui-ci est doté d'une trompe ayant au moins cette grandeur.

La floraison est en mai ou en juin, selon les années, et donne des fruits rouges à maturité. Ces baies sont vomitives, si bien que l'animal, fouine ou blaireau, qui les avale les recrache plus loin, et s'il parvient à les digérer, la dispersion des graines se produit après le transit intestinal. C'est la manière ingénieuse que le chèvrefeuille a de se propager et de réapparaître ailleurs, dans une conquête aléatoire de l'espace et du temps, enfouissant ses racines avant de s'élancer en spirale dans les airs.

Mais attachons-nous à la fécondation proprement dite. L'énigme qui se pose, c'est que les fleurs ne diffusent leur parfum que très rarement pendant le jour, par incontinence alors, et qu'elles cessent même de plus rien exhaler quand elles sont fécondées. Cet alcool volatil sortant d'un alambic qui n'est qu'en elles-mêmes, logé dans le secret des fibres, il n'est pas satisfaisant de le dire indéfini, mais il faudrait alors cent adjectifs pour le décrire dans sa complexité : suave, miellé, fragrant, capiteux, pénétrant, délicat, entêtant, presque écœurant parfois. Il monte à la tête, il ensorcelle le cœur, échauffe les sens, aiguise les esprits par des promesses fines. Ces convocations irrésistibles sont en même temps d'invisibles liens d'attirance.

Ce n'est vraiment qu'à la tombée du jour, quand les ombres s'allongent, s'épaississent et semblent se coudre silencieusement les unes aux autres pour constituer par des rapiècements successifs le manteau entier de la nuit, que la fragrance se répand en larges sillages, en élans sinueux selon les caprices du vent. Et s'il n'y a pas de vent, elle trouve tout de même à s'étendre, portée par sa propre détermination intime. Délayée dans les airs, égarée, effilée, elle se concentre cependant dans la proximité ; l'odeur miellée prend là une étonnante densité et crée comme une sphère olfactive autour de l'arbrisseau. Si bien que franchissant la frontière, on entre vraiment dans un autre monde, d'ivresse et de sortilège.

Les fleurs cherchent donc à alerter des espèces nocturnes. Ces visiteurs du soir, ce sont les papillons de nuit, dotés justement d'une trompe qui permet de s'immiscer à l'intérieur du tube floral, long et très étroit, pour puiser le nectar et s'en griser à l'envi, tandis que dans le mouvement, sans le savoir, ils portent le pollen des cinq étamines sur la brillance nue du pistil.

Les voilà donc ces invités aux noces qui viennent voltiger en nombre, sortis d'un opéra baroque, d'une page enchantée d'Achim von Arnim ou d'un film de Jean Cocteau, et plus prosaïquement, d'une fissure dans un mur ou d'une crevasse dans une écorce, où ils se sont tapis sans rien faire durant le jour, leurs livrées les confondant le plus souvent par des marbrures avec le décor.

Quelquefois j'accroche un falot aux branches pour que la lumière sourde s'ajoutant à l'effluve leur facilite mieux encore le repérage, les guide et les attire aussitôt dans le cercle joaillier des fleurs. Ce falot me permet en outre de les détailler dans la valse nuptiale. Ils sont en costume, en figures vêtues de damas, de velours, d'étoffe brochée, brodée, chinée, cloquée ou côtelée, avec parfois des ocelles imprimés sur le tissu en écailles, des yeux à prunelle noire pour effrayer les prédateurs possibles de la nuit.

Après avoir virevolté un moment, ils se posent, plongent de la trompe, et se grisent assez goulûment, en remuant un peu sur eux-mêmes. Si la pollinisation est réussie, le chèvrefeuille cesse presque aussitôt d'exhaler son parfum, estimant superflu d'attirer d'autres prétendants. Les fleurs se privent sans doute là d'un plaisir libre et gratuit qui leur serait offert par surcroît ; elles n'en ont tout simplement pas l'idée quand l'intelligence dont elles font preuve n'est qu'au service strict de la reproduction. Déjà le ciel pâlit à l'est, les visiteurs intimes retournent à leurs fissures et à leurs crevasses, et l'arbrisseau se referme en spirale sur lui-même, s'enveloppant presque dans ses bras.

La giroflée des murailles

À l'exemple de ceux-là (dont je suis) qui, arrivant dans une assemblée, au milieu d'une réunion ou d'un cocktail d'exposition, ne distinguent que les femmes sans se soucier de la présence des pères, des époux, des fils et des amants possibles, le bourdon comme le faux bourdon ne voient au gré de leurs errances buissonnières que les fleurs. Les autres visiteurs mâles ne sont pas même perçus par eux comme des ombres au tableau. Il n'y a pas de concurrence ni de conflits quand on ne se distingue pas. Ils sont éblouis, enivrés par avance, émerveillés par les lumières du féminin, l'architecture inventive des corolles, comme nous-mêmes le sommes par le décolleté d'une robe, les remous chuchotants d'une jupe, la nudité des bras, la ligne ravissante d'une nuque, ou des yeux bleus dans lesquels on voudrait se noyer.

Les appas débusquent le désir et le circonscrivent en des cercles tantôt excentriques, tantôt concentriques. Nous voilà envoûtés, captifs de cette beauté plastique particulière, à nulle autre pareille : une fleur, une femme entre toutes les fleurs, entre toutes les femmes, et qui les contient toutes.

Le bourdon n'a alors, comme nous, que le désir de s'engloutir tout entier, de s'abîmer, de s'immerger jusqu'à disparaître dans les jupons d'un pavot ou le tutu d'un œillet, en se frayant un passage entre les pétales, descendant par un entonnoir oriental jusqu'à atteindre un jabot de soie, un salon ovale ou une caverne de satin : il se fond à l'intérieur, et semble se dissoudre pour un temps, avant de se recomposer ensuite tout à fait, se retirant, retrouvant ses esprits et d'autres curiosités après le premier ravissement.

La giroflée s'accroche en corbeille d'or de fleurs mellifères au bord des parterres ou dans la rocaille. Elle aime l'ensoleillement et se plaît surtout en altitude, à la verticale et au vertige, en surplomb du monde, se perchant sur les parois rocheuses ou s'arrimant par ses racines dans la fissure des murailles.

C'est un petit buisson vivace, que l'on nomme aussi violier en Ardenne, à feuilles raides et entières, étroitement lancéolées et couvertes de poils, et dont les fleurs particulièrement odorantes, sont le plus souvent d'un jaune d'or, quelquefois orange ou rouge brique.

La giroflée jouit d'une sexualité hermaphrodite, dotée de six étamines et d'un pistil assez allongé et profond, la pollinisation étant assurée par les insectes, notamment les abeilles, qui se posent sur les quatre pétales disposés en délicate piste d'atterrissage, mais qui restent sur le seuil, au bord d'un calice étroit où ils ne pénètrent pas. Si bien que leur office matrimonial ne semble qu'un flirt, un frôlement, tout de même un préliminaire un peu insistant qui résume l'acte entier. Les amants se tachent le front de pollen quand ils s'abreuvent du nectar. De ce nectar bien inutile à la fleur qui ne l'élabore que pour récompenser le visiteur d'une petite étreinte, d'un baiser nuptial ou d'un simple frottement qui la féconde aussitôt. La fleur cherche à s'évader par le haut quand elle est attachée par le bas, et pour se délivrer elle se dote de pétales qui sont comme des ailes déployées dans un appétit de l'espace, un effort magnifique vers la clarté céleste. Ces fleurs, même menues, s'ouvrent, ces lèvres s'entrouvrent, avides, comme des petites bouches assoiffées de lumière. Cependant, c'est surtout par la fragrance que la giroflée séduit, répandant son parfum en sillages continuels autour d'elle tout le long du jour, mais aussi le soir et durant les nuits chaudes, voulant alerter également des visiteurs nocturnes. Elle a compris avant la lettre, selon le mode d'intelligence sensible qui lui est propre, cela que Jean-Jacques Rousseau écrivait dans l'*Émile,* que « le sens de l'odorat est au goût ce que la vue est au toucher ; il le prévient, l'avertit de la manière dont telle ou telle substance doit l'affecter, et dispose à la rechercher ou à la fuir... Les odeurs ébranlent plus l'imagination que le sens et n'affectent pas tant par ce qu'elles donnent que par ce qu'elles font attendre, elles annoncent les saveurs. L'odorat est le sens de l'imagination, donnant au nerf un ton plus fort, il doit beaucoup agiter le cerveau, c'est pour cela qu'il ranime un moment le tempérament et l'épuise à la longue ; il a dans l'amour des effets assez connus... »

On dirait que les idées de séduction viennent aux femmes comme elles viennent aux fleurs, et que leur sexualité est en somme assez semblable aux stratégies subtiles qui s'ourdissent au cœur des corolles. Aux stratégies mêmes de l'attrait et à l'extrême sensibilité, toutes cherchant à plaire, à alerter les sens, à attirer par des liens invisibles et à captiver ; s'offrent au monde, se présentent et se rendent présentes d'une manière particulière, dans la perspective d'être visitées, explorées, pénétrées, et, d'abord, désirées. À ceci près (notamment) que les femmes sont en mouvement, qu'elles déambulent, vont, viennent, voyagent en ayant de l'allure, ne souhaitant pas qu'on leur demande de quelle histoire elles sortent mais où elles veulent aller, alors que la fleur, elle, est arrimée à sa tige, fixée par ses racines, enracinée au même endroit à jamais. Dans cette fatalité pleine de constance la fleur s'inscrit à l'intérieur d'un système donné invariant dans une fonction ou une transformation ; elle se règle de façon précise, subtile, pratique et comme définitive, obsédée par l'idée d'être fécondée, angoissée à l'idée qu'elle pourrait ne pas l'être, et rester en pure perte. Si bien que, prisonnière du lieu, captive de sa condition, elle se doit à toute force, à toute ruse, d'alerter l'amant vagabond. Elle fait montre alors d'ingéniosité et recourt à toutes sortes de tactiques et d'astuces sensibles pour se reproduire et se perpétuer, obligée ensuite de recourir à d'autres stratégies pour se propager, se disséminer quand elle est en fruit, se dotant alors de graines ailées, de lunules ou de samares, éclatant comme les cosses du genêt ou de la balsamine ou usant comme l'aigremoine de graines crochues pour s'accrocher au poil des bêtes de passage et se transporter ainsi ailleurs, plus loin. Une autre différence, même s'il y a un rapprochement d'évidence entre l'intimité et l'intelligence sensible d'une fleur et celles d'une femme, c'est que la fleur tire tout d'elle-même, ses formes, ses couleurs, son architecture florale, son parfum, son nectar en récompense de sa fécondation, tandis que chez les femmes, si les inspirations et les intuitions viennent du dedans, c'est au-dehors toutefois qu'elles cherchent, trouvent et composent leurs fards, leurs maquillages, leurs fioles de parfums, leurs vêtements dans la tyrannie souvent de la mode de saison. Lorsque la fleur apparut dans le monde, elle n'avait aucun modèle à imiter et elle dut tout inventer à partir d'elle-même ; elle tira de sa profondeur son apparence, sa beauté et son allure, lança des plans sur la comète, fit mille essais, autant de tentatives, progressa à tâtons et se révéla graduellement, se corrigeant sans cesse et se perfectionnant. Elle accoucha d'elle-même après s'être nourrie en secret de merveilles, de désirs insensés et de rêves, grandie à partir d'une profondeur intime à laquelle nous n'avons pas accès, et participant sans doute d'une force transparente, d'un fluide universel, d'une substance spirituelle pour parvenir à une image idéalisée d'elle-même. Aux sensations s'ajoutèrent alors les sentiments. Aux émotions s'ajoutèrent les remous de l'âme. À la simple et complexe sensation d'être en vie dans la vie s'ajoutèrent des intrications intimes, des psychologies, des états d'âme, jusqu'à ce que, dans le passage de la nature à la culture, la fleur devînt femme et que, selon les mots de Proust, « lorsqu'on désire une femme, on désire en même temps le paysage qu'elle contient », ou, mieux encore, son jardin, comme je me plais à le penser.

Les marieuses de la vanille

C'est dans une serre du Tarn-et-Garonne, que j'ai vu pour la première fois la vanille qu'un homme cultivait sur des tuteurs nommés palisses ou ombrières. Son grand-père qui avait été gendarme à Madagascar, en avait rapporté un plant qui s'était étoffé à souhait. C'était aujourd'hui un héritage luxuriant, mystérieux, exhalant comme une sueur, une odeur envoûtante, le parfum suave d'une belle immigrée, que les générations suivantes s'attachaient à protéger, à entretenir en serre chaude pour en récolter les gousses. La transplantation était en même temps un patrimoine exotique, et la belle étrangère respirait de surcroît l'étrangeté : c'était moins aisé à assimiler.

Cet homme m'expliqua que faute d'un insecte pollinisateur approprié, il devait féconder lui-même les fleurs selon la technique assez subtile des marieuses. Il faut savoir que lorsque, du Mexique où elle a ses origines, la vanille a été importée à Madagascar et à la Réunion, on a oublié d'emporter avec elle le *Melipona* qui est le seul entre tous les insectes capable dans sa démarche d'unir ses étamines et son pistil. La fleur et son visiteur privilégié sont dans une obligation de fidélité, une relation à caractères et à profits réciproques, une contrainte que l'on dira amoureuse quand l'un et l'autre se plaisent dans un sentiment souverain d'élection.

Le *Melipona* est une sorte d'abeille sociale sans aiguillon, un hyménoptère particulier qui, alerté par les messages olfactifs de la fleur de vanille, s'insinue dans son intimité, et seulement dans celle-là. Il se charge de sacs de pollinies dans le poil et aux pattes, pour féconder cette fleur ou une fleur voisine, proche et pareille. Beaucoup d'autres insectes, assurément, pourraient accomplir une telle tâche, mais le *Melipona* est le seul à pouvoir soulever le rostellum, ce petit appendice qui sépare (comme un hymen ?) le pollen des étamines de la brillance nue des stigmates, de les mettre en contact, la fleur de vanille étant ainsi autofécondée.

À Madagascar et à la Réunion, ce sont encore aujourd'hui des femmes qui opèrent la pollinisation à l'aide d'une aiguille de conifère ou d'une épine de cactée : on les nomme les marieuses.

La vanille se plaît dans la semi-obscurité des sous-bois, elle s'épanouit dans l'ombre où elle se développe en une liane souple et flexueuse, en ayant toujours besoin d'un support pour s'étendre, un tuteur tel le manguier ou le calebassier, comme si, dans l'exubérance d'une existence excentrique, elle n'avait pas de force en elle-même, devait être sans cesse portée, supportée, rapportée même par des liens de paille aux palisses quand elle est cultivée en serre.

La floraison de la vanille vient en février et chaque inflorescence porte de cinq à dix fleurs. C'est alors que les marieuses se livrent à leur ouvrage intime : elles saisissent chaque fleur à la base, s'aident d'une aiguille pour déchirer la pièce de la corolle en forme de capuche, cet hymen qui rend l'autofécondation impossible ; elles mettent ainsi à découvert les parties sexuelles.

Dans un deuxième temps, elles introduisent l'aiguille sous la valve supérieure de l'organe femelle, la relèvent, inclinent ensuite l'étamine et amènent le pollen en contact avec la partie réceptive du stigmate.

Tout cela se fait assez promptement, et elles vont de fleur en fleur, répétant le même geste subtil, à la fin machinal et qui confère à leur travail un rythme enjoué, à la fois lent et alerte. Elles ne doivent oublier aucune corolle, car les fleurs fanent et se flétrissent très rapidement si elles ne sont pas pollinisées. Les fleurs ne sont pas d'humeur à attendre un prétendant ou une entremetteuse qui ne serait pas aussitôt alerté par leur beauté particulière et leur parfum qui vous monte à la tête et vous envahit l'âme.

On les imagine dans le sous-bois, parmi les lumières colorées tombées dans la trouée des branches, les incendies bleus des clairières, ces marieuses en assemblée gaie et délurée de femmes noires et de mulâtresses à la chair luisante, huilée, et qui sentent le ricin comme dans les poèmes de Saint-John Perse. On dit que dans ces moments-là elles chantent et racontent des histoires salaces, évoquent l'oiseau obscène de la nuit, en viennent et en reviennent toujours à parler de l'amour avec des audaces dont elles rient, des jeux qu'elles voudraient inventer, quand l'opération qu'elles font au cœur des fleurs leur donne ces inspirations. Ajoutons qu'à leur retour dans les villages, au milieu de fêtes qui s'improvisent, ces marieuses sont fort recherchées par les hommes qui augurent d'elles des exploits subtils et des spécialités nouvelles dans l'étreinte.

Sept ou huit mois après la fécondation des fleurs, l'extrémité supérieure des fruits jaunit et leur peau est désormais sans reflets. Les lignes de déhiscence s'accentuent et les gousses doivent être récoltées rapidement car elles risquent de se fissurer sous la poussée des graines par un mouvement en alternance d'expansion et de contraction. Accrochées et séchées à l'ombre, elles prennent alors une couleur chocolat, et fixent leur arôme peut-être à jamais.

L’irrésistible attrait du jaune

Être une abeille butineuse vous offre d’aventure une existence bien exaltante, exaltée même, quand le monde floral n’est fait pour vous que d’invitations, de sollicitations, de curiosités aiguës et d’ensorcellements profonds, où l’on va de surprises olfactives en surprises gustatives au privilège presque toujours de l’ivresse. On a le corps corseté de velours fauve, d’une fine pilosité et cerclé de cuivre, de grands yeux noirs qui nous occupent et parent presque toute la tête. Ces yeux-là s’emplissent de tout, alertés par les coulées de soleil, les incendies bleus dans les asters, là le reflet rose-rouge d’une pivoine, ici le froufrou blanc d’un œillet de poète. On découvre, on succombe au charme, on déguste à la pipée, et au gré des immersions entre des pétales, c’est tout un registre de saveurs qui se compose dans les papilles, les unes reconnues aussitôt, les autres encore inconnues et à démêler d’une langue rigide.

Quand elle s'échappe de la cité fondée par l'essaim, détachée pour un temps de l'affairement social où elle ne figure qu'un organe ailé parmi d'autres, une unité du nombre, l'abeille s'envole en course solitaire pour des expéditions sans cesse renouvelées de rapines et d'ébriétés diverses. Ce sont des raids de reconnaissance intéressée, des dégustations ambulantes, des plongées dans la soie des corolles, des intrusions indiscrètes entre les pétales des roses, mais encore des immersions complètes dans les jupons serrés d'un pavot rose, le piège à bascule qu'elle n'évite pas quand elle s'engage sous le jabot soyeux de la sauge.

Opiniâtre elle s'enfonce toujours davantage derrière des membranes presque translucides, s'aventure au profond, progresse dans l'allée secrète des anthères où son poil se charge de pollen qu'elle déposera ensuite, au gré d'un même affairement, sur le pistil d'une fleur voisine pour la féconder. Elle est récompensée dans cet office par du nectar et des alcools intimes, se soûle de cette ambroisie, éprouve des brûlures délicieuses, et parfois, tout à fait ivre et alourdie, s'oublie un temps dans les alcôves, les celliers de crêpe et de satin, comme un ivrogne cuve son vin. L'abeille butineuse se plaît dans l'excès et la vie à satiété, se retrouve régulièrement les sens dilatés et l'esprit grisé, partageant ces fièvres qui sont à l'échelle de l'infiniment petit, pour s'en retourner ensuite respirer dans le nombre, rendre les trésors de ses pillages aux ouvrières de l'essaim.

Quand le jaune l'attire, c'est après qu'elle a répondu aux attraits du bleu et du violet qui sont ses couleurs de prédilection. Comme si elle éprouvait devant le jaune une appréhension, avait à se méfier d'un envoûtement dangereux, d'un mauvais présage, d'un péril même. Cette teinte est intense, telle une substance solaire reportée de toutes parts en éclats, une lumière mûre, quelquefois aiguë jusqu'à la stridence, à d'autres moments et en d'autres endroits d'une clarté assourdie mais qui reste ardente, malaisée à éteindre quand elle semble déborder même la forme où l'on voudrait la contenir. Ce jaune-là manifeste et matérialise une puissance invisible, avec laquelle il est peut-être risqué de se sentir en affinité physique et profonde, une force venue de l'au-delà qui pourrait se charger d'un soufre luciférien, pétri d'orgueil insensé et de présomption, d'une malignité qui ne s'alimenterait plus que d'elle-même.

L'abeille rompt toutefois avec toutes ses appréhensions en janvier lorsque les houppes d'or jaune du mimosa l'alertent : c'est qu'il n'y a guère alors d'autres fleurs dont elle puisse se nourrir quand elle repart de l'essaim à la faveur de grandes après-midi ensoleillées.

Originaire d'Australie, alors qu'il y a le phénomène de l'inversion des saisons d'un côté et de l'autre du monde, le mimosa fleurit en hiver et a donc conservé son calendrier initial tout en s'acclimatant au mieux (bien que craignant le gel). Ses fleurs de velours jaune, en boules duveteuses assez égales, le revêtent d'une magnificence, comme d'un éclat d'ostensoir parmi le feuillage exotique finement ciselé. Son parfum capiteux, sourdement étourdissant, parfois écœurant au nez de certains, s'associe à la couleur mûre, et lui confère une humeur paisible et sûre, l'arbre étant assuré d'une permanence cyclique à chaque réapparition de ses bourgeons, ses fleurs et ses fruits en gousses ; il se reproduit, se présente bellement à nouveau, selon un mode sexué qui, à l'inverse de la copie conforme de l'asexué, multiplie sans cesse la différence dans le semblable et instaure le règne du sans-pareil : chaque feuille, chaque fleur, chaque fruit sont uniques et d'exception.

Notons encore que lorsque le jaune est brillant, la lumière semble refluer à travers lui et le vernir, il éblouit et trompe par le reflet ; et que lorsqu'il s'inscrit dans la matité, comme c'est le cas pour le mimosa, ce jaune conserve son mystère évident sans imposture, un attrait sans équivoque, une profondeur qui semble en même temps sans fond.

Les abeilles, aboutissant sur les fleurs qui sont hermaphrodites et portent toutes étamines et carpelles, se barbouillent à qui mieux mieux le poil de cet or, sans trop s'en soucier tant elles sont occupées à piller et à rapiner. Elles butinent sans frein, à l'envi, trouvant plaisir à s'alimenter elles-mêmes pour ensuite emporter une large part du butin vers l'essaim. On les découvre alors dans l'orgie, décrivant cent trottinements sur le parterre floral, des chorégraphies rapides de l'ivresse quand elles passent d'une fleur à l'autre pour les féconder à leur insu. Le service amoureux qu'elles rendent, elles n'en ont tout simplement pas conscience, ce qui ne met pas le mimosa en dette, les fleurs ayant imaginé cette relation en profits réciproques dont elles ont seules l'intelligence. On entend bourdonner les abeilles dans l'affairement et c'est alors comme si cette rumeur ailée provenait de l'arbre lui-même, telle la musique proche et lointaine des sphères.

Il me reste à parler d'une variété de mimosa nommée Sensitive, que j'ai eue longtemps en pot et que j'avais soin de rentrer aux premières gelées blanches, le rangeant pour l'hiver à l'ombre, sous la cage d'escalier. C'est un arbuste rampant aux branches épineuses, qui ne s'élève guère qu'à quelques empans de la main. Le feuillage est persistant, assez semblable à celui de l'espèce arboricole, mais les fleurs alternes en pompons duveteux sont le plus souvent roses, rouges, quelquefois violettes, de cette couleur d'encre qui tachait nos doigts d'écoliers.

La particularité principale de la Sensitive, c'est que ses fleurs réagissent au toucher, c'est que ses feuilles se replient quand on les frôle seulement. Les muscles minces, intimes et subtils de ce mimosa vite effarouché, ayant à l'évidence les nerfs à fleur de peau, se rétractent d'instinct dans la peur et l'appréhension d'un péril, opèrent un mouvement de repli sur soi pour se préserver du moindre toucher étranger ressenti comme un viol, et se protéger aussi bien des intempéries que des prédateurs herbivores qui voudraient en faire leur pâture. Le calme revenu en apparence, le péril disparu, la fleur se remet en pompons, comme une belle qui remet un ordre aéré dans sa chevelure, et les feuilles retrouvent leur port coutumier, s'éploient à nouveau dans l'espace familier. Le prodige nous émeut aussitôt dans l'âme, comme par une sorte de rapt sensible ou de ravissement subit qui nous laisse surpris, l'esprit à vif. L'émerveillement est notre première contribution à la beauté subtile et complexe du monde, et les premières fois où j'observai le phénomène, j'eus même les larmes aux yeux ; j'étais sur le seuil subliminal d'un monde inconnu alors que m'était révélée une extrême sensibilité que je n'avais pas toujours soupçonnée ni perçue dans le règne végétal.

Plus tard, ce fut une émotion semblable qui me gagna lorsque je remarquai que les cactus que j'ai à l'atelier, dans la verrière, avaient perdu leurs épines, comme s'ils avaient compris, sur le mode d'intelligence sensible qui leur est propre, qu'ils n'avaient rien à craindre de moi, et que toute défense, même passive, était superflue.

Étymologiquement, le mimosa dérive du latin *mimus*, « le mime », et c'est surtout dans l'espèce Sensitive, se rétractant au moindre frôlement, qu'on en saisit le bien-fondé, l'arbrisseau ayant dans l'affolement des mouvements muets, comme d'un mime justement.

Le lilas en son heure de gloire

C'est en hiver, lorsqu'il s'est tout entier dépouillé de ses feuilles, que le lilas montre au mieux, dans un dénuement d'ascète, sa structure forte et fouillée. Par une armée de tiges sèches et serrées, il forme des taillis à lui tout seul, se développe en massifs, en îlots qui ne s'élèvent guère à plus de trois mètres de haut. De l'ensemble s'exhale alors un air morne et désolé ; toute vie semble s'être retirée dans les racines, comme le retrait d'une marée descendante, d'un large souffle en suspens, retranché en sous-sol. C'cst apparemment en léthargie, sans plus donner aucun signe de vie, que le lilas appareille pour la traversée de l'hiver sans quitter son endroit.

Quand il reverdit au printemps, retrouvant une allégresse à la faveur des élans de la sève, porté de nouveau par une force invincible qui le conduira à son épanouissement, le lilas se refait une chevelure, pousse ses feuilles en cris verts à l'écorce des branches, des feuilles non coriaces et lisses, opposées et pétiolées, chacune pointue à l'extrémité.

Ce vert ne surprend personne, qui semble être la couleur de base ou de fond du monde végétal. Mais ce qui étonne ce sont les autres couleurs jouant parfois en camaïeux, dont les fleurs vont se revêtir, tantôt blanches, d'un aspect de neige ou de gel, tantôt mauves, d'un mauve tirant sur le bleu ou le rose. Ses formes et ses tons floraux le lilas les tire de lui-même, les imagine et les élabore au secret de soi. Il y a donc dans les cellules des ateliers clandestins, un bureau d'études, une chambre de l'imaginaire accolée à une mémoire ancienne, un ouvroir de façon et de confection, et d'abord, en un lieu jamais vu, jamais nommé, un esprit d'intelligence sensible, d'intuition spontanée ou progressive, un esprit d'esthétique et d'invention, qui imprègne les fibres de sa substance, et reporte ses projets et ses inspirations dans des laboratoires où les pigments sont mêlés au gré de toutes sortes de recherches savantes.

C'est aussi en elle-même que la fleur élabore à l'alambic ou par décoctions successives le parfum subtil toujours particulier, toujours d'exception, qui s'associera à la teinte de sa séduction quand le temps sera venu pour elle de s'exhiber dans sa différence et de diffuser dans les airs le message de sa disponibilité nouvelle sur le marché des amours.

Toute plante dans cette intimité préparatoire fait alors songer à une belle devant son miroir, composant la carte de sa réceptivité, sa *présentation*, avec ses fards à paupières, ses fonds de teint et ses rouges à lèvres, ses peignes et ses fioles de parfums. Mais comment, dans la nature où il ne se trouve guère de miroirs, la fleur pourrait-elle sans reflet avoir une vue extérieure d'elle-même, avoir conscience de l'effet qu'elle produit pour, au besoin, l'améliorer, le corriger ou le modifier carrément si ses entreprises de séduction restent sans beaucoup de succès ? Faut-il supposer alors que la seule vision intérieure qu'elle aurait d'elle-même pourrait expliquer l'évolution ou la dérive sensible qui la conduirait à composer d'autres attraits, d'autres tons et d'autres fragrances ? C'est là un mystère qui reste entier sans qu'aucune conjecture l'entame ou l'éclaire vraiment.

La croissance du bourgeon est un autre prodige, et son débourrement graduel émerveille tout autant. D'abord minuscule, dans une impatience à croître, conduit par une force plus forte en lui que lui-même, il dessine déjà et dans le moindre détail la forme de la grappe florale. Il résume en miniature l'ensemble, tout en continuant de grandir, d'enfler, de s'épanouir et de se développer sans que la fleur s'ouvre encore.

Quand elle s'ouvre, c'est en même temps l'effluve exhalé et la couleur offerte : le lilas parvient alors à son heure de gloire

Notons que ce que nous prenons ordinairement pour une fleur de lilas est en réalité composé d'une multitude de fleurs qui organisent l'ensemble sur une sorte de dôme. Le thyrse est le terme précis pour désigner cette inflorescence en grappe fusiforme, en forme de fuseau renflé au milieu et effilé au sommet. Chacune des fleurs comporte quatre pétales et une corolle formant un long tube à la base. Ce couloir figure la vraie tentation de l'amour qui cherche toujours à pénétrer l'autre, à s'introduire dans son intimité, en même temps que l'autre, pénétré par lui, y trouve peut-être ses plus fortes sensations.

Comme tout autre arbre ou plante, arrimé à ses racines, ancré toujours au même endroit, sans pouvoir se déplacer avec l'allure d'une péripatéticienne, le lilas n'a que la ressource d'attirer à lui ses amants ; fort de ses attraits, il racole sans cavale, diffuse des messages, distribue des promesses, débite des boniments du genre : « Mes alcools intimes sont délicieux, venez me visiter. » C'est une courtisane de haut vol, une poule de luxe qui ne reçoit que chez elle et dont la renommée s'est faite à la ronde.

Le lilas ne manque pas de succès et suscite mille convoitises, qui attire une foule d'espèces différentes, que ce soient des papillons, des vanesses et des piérides, ou des bourdons, des syrphes (ces mouches à l'abdomen jaune et noir et au vol prompt), ou encore la cétoine dorée.

Le plus curieux, c'est que toutes ces espèces se côtoient sur le parterre floral, se croisent en restant distinctes, sans se confondre entre elles, et plus encore, sans même se mêler, sans le moindre échange ni le moindre contact. Occupées chacune au pillage, elles s'ignorent mutuellement, ignorent la présence des autres ou n'en ont tout simplement pas la perception ; elles ne les « voient » pas, ne les distinguent pas, comme si elles évoluaient dans des mondes de transparence, sans que les vitres retrouvent jamais leur tain, la substance laissant voir tout au travers. Et si d'aventure elles se heurtent ou se bousculent au gré de leurs déambulations, c'est aussitôt qu'elles s'écartent, sans s'excuser ni même s'en formaliser, l'autre ne figurant jamais qu'un obstacle anonyme.

Dans un affairement nombreux, où d'autres arrivent quand d'autres s'en repartent, les amants du lilas, chacun en une démarche individuelle, ne sont occupés et préoccupés que de butiner, de rapiner, et de s'enivrer à l'envi du nectar, jusqu'à satiété.

Plus tard, la grappe florale fécondée selon une même distribution donne des fruits en amande qui attirent, je ne sais pourquoi, les frelons.

Au large, les lavandes

Sur le causse de Larnagol où je vis, d'anciens champs de lavande ont été laissés à l'abandon, livrés aux vents d'autan, envahis par les herbes folles, où d'aucuns respireraient un air mort et désolé quand ces lieux-là exercent sur d'autres esprits un rare enchantement, éveillent même une nostalgie pour une chose qui serait en même temps passée et à venir. D'autant que ces lavandes rendues à une sorte de sauvagerie continuent de donner encore, bon an, mal an, chaque été, des fleurs en épis, d'un éclat d'améthyste, plus odorantes encore quand on les froisse dans la main.

J'y vais parfois certaines fins d'après-midi, me tenant à l'ombre des arbres en bordure, pour relire des écrivains dont les ouvrages peuvent s'ouvrir en plein air et faire face au grand paysage, des écrivains comme Hérodote, Homère, Walt Whitman, Conrad et Melville, le Gogol des *Âmes mortes*, le Chappaz de *La Haute Route*, le Gary Snyder du *Retour des tribus*, les *Voyages aux îles du Grand Océan* de Jacques-Antoine de Moerenhout, une expédition d'Alfred Métraux dans le Gran Chaco parmi les tribus cayapos, ou encore, *Les Mémoires d'un touriste,* les tomes I et II, de Stendhal. Tout dernièrement, ce fut la découverte de *Walk On, Bright Boy* de Charles Davis, l'un des récits les plus étonnants parus aux États-Unis au début de ce troisième millénaire.

Parfois, relevant la tête, j'éprouve un sentiment inexplicable de mélancolie devant la beauté du monde, presque une douleur, intime ou parasite. Ne sommes-nous pas, selon le mot de Vercors, des *animaux dénaturés,* en exil dans nos propres existences, égarés dans des limbes, et sans peut-être jamais aucune possibilité de rallier un jour l'univers ? À certains moments (n'est-ce pas illusion seulement ?), des liens se tissent, des liens semblent se tisser ou se révéler, qui nous attachent encore au monde naturel et nous associent au grand tout. Mais déjà ces liens s'évanouissent sans qu'on y prenne garde, s'effilochent subrepticement, et il en reste juste un petit ébranlement dans l'âme, des résidus minuscules dans l'esprit, et dans les sens, comme un souvenir furtif qui aurait encore presque la consistance du présent.

Nous sommes, depuis l'exclusion du jardin d'Éden, dans une fausse attitude envers la vie, marqués du signe de Caïn, pétris d'une vanité et d'une arrogance qui nous écartent toujours davantage du fil des rivières et de la lisière des forêts. Empesés d'idées reçues, enfermés dans des concepts, évoluant aujourd'hui dans des espaces virtuels, nous ne sommes plus au monde mais dans des mondes de substitution où nous sommes, de surcroît, substitués à nous-mêmes. Quelle autre ressource avons-nous dès lors que de nous replonger la tête la première dans les ouvrages de ces rares écrivains qui nous ouvrent sur le monde et le rendent habitable, restaurant une intimité que personne ne partage plus, et nous rendant nous-mêmes autrement vivables ?

Au contraire cependant de ces livres-là qui conservent toute leur force et s'alcoolisent même avec le temps quand bien même ils seraient délaissés, oubliés sur les rayons des bibliothèques, la lavande, si elle est livrée à elle-même, sans plus être entretenue, se rabougrit. Elle prend un tout autre air, chétif, dépenaillé et ligneux, que lorsqu'elle est cultivée en lignes, avec entre les lignes des sillons tracés à la herse, et taillée à l'automne, débarrassée des tiges sèches qui ont fait leur temps ; le plant repart alors de lui-même, plus ardent d'être dépouillé, toute force regroupée dans ses racines et ses tiges tranchées près de la terre.

Ce qui lui vaut toute notre sympathie, c'est d'abord que la lavande est peu exigeante, aisée à combler, arrangeante, facile et traitable, sans jamais se plaindre ni penser à aucune revendication. Satisfaite de son sort, elle se suffit à elle-même, s'inscrit dans sa propre économie, dans une sorte d'autarcie, sans souhaiter rien de plus ni de mieux ; elle se contente de sols calcaires et demande peu d'eau, se plaît surtout sous des ciels immenses, sans nuages, d'un bleu presque minéral qui l'inspire et dont elle reproduit la couleur dans ses épis.

C'est en pelotons serrés qu'elle se développe, en colonies d'arbrisseaux buissonnants à feuilles linéaires, d'une couleur gris-vert, ayant des reflets d'argent terni sous certaines lumières.

À la floraison la plante développe de longs pédoncules non ramifiés, des tiges écartées, en même temps rapprochées, regroupées dans l'élan, serrées, terminées chacune en corolle spiciforme, où chaque plant se réunit tout entier, concentre sa sensibilité, exhibe au présent ses attraits et diffuse sa fragrance entêtante, en étant soucieux de son avenir, d'une fécondation réussie. Une fleur ne se rêve jamais qu'en fruit, même si elle recueille sans doute des sensations subtiles au gré des visites qu'on lui rend, des attentions galantes dont on l'honore.

La lavande appartient à la grande famille des labiées qui regroupe notamment la sarriette, l'origan, la mélisse, la sauge, l'épiaire et la cataire des chats, dont les corolles se découpent en deux lobes en forme de lèvres, les étamines étant en général au nombre de quatre et dépassant souvent les fleurs.

Celles-ci sont étroites et ténues, prodiges de pudeur, de réserve et de décence, d'une modestie qui s'inscrit en même temps dans une perfection joaillière ; elles se présentent chacune en étuis exigus, soudés à la base et ouverts au sommet, d'une couleur qui varie du mauve pâle au violet, dans une étonnante diversité de bleus tantôt intenses, tantôt comme délavés, couleur de l'oubli, ou au contraire fort vifs, assez pareils alors au bleu de la véronique ou à celui du myosotis.

Ce ne sont pas les visiteurs les plus velus, d'ordinaire les plus efficaces dans la fécondation quand ils prennent du pollen plein le poil et le répandent ensuite partout, qui sont recherchés par la lavande. Pas davantage les coléoptères qui ont la réputation d'être brutaux et sont dotés de pièces broyeuses qui entament sans vergogne la chair intime des fleurs et les endommagent sans remèdes. La lavande demande du tact, de la prévenance, un esprit de finesse, une aménité dans l'affairement.

Ainsi, tant par la couleur que par l'effluve particulièrement envoûtant, alerte-t-elle d'abord les abeilles, qui viennent la butiner en nombre et se montrent délicates dans cet office. La lavande recueille là des sensations de surface, des frémissements légers, des frissons à fleur de peau ; elle souhaite ensuite des sensations plus profondes, voudrait que l'on s'introduise vraiment dans son intimité, que l'on s'immisce au mieux dans l'étroitesse de la corolle, sa jolie exiguïté. Lançant un fier défi, elle appelle alors à sa rencontre, pour des liaisons plus complexes, des amants dotés par nature d'une trompe, extensible à souhait, vite déroulée telle une spire. Ainsi attire-t-elle certains papillons, tels le morosphinx qui voltige autour des massifs floraux à la façon d'un colibri, sans jamais se poser, et ce papillon que j'appelle demi-deuil parce que ses ailes membraneuses sont chargées d'un damier en noir et blanc.

Tous les amants de passage viennent butiner le nectar. Dans la manœuvre, leur front se frotte aux étamines, se charge de semence, et quand ils vont ensuite butiner une fleur voisine, ils déposent le pollen de l'une sur le pistil de l'autre, en fécondation croisée.

Mais ce qui subjugue le plus, c'est le ballet incessant des visiteurs qui arrivent sur les lieux quand d'autres déjà repartent, provision faite. C'est un remue-ménage continuel autour des plants, une galaxie d'affairements ailés dans les airs, une chorégraphie aérienne d'allégresse. Les visiteurs volent sans répit d'une fleur en épi à une autre fleur en épi ; certaines ayant déjà été fouillées, ils passent vite à la suivante, s'attardent peu, se montrant toujours prompts dans la rapine. C'est comme si ce ballet-là matérialisait alors les mots d'un Walt Whitman, d'un Conrad ou d'un Chappaz, certains mots en feux follets ou en éclats aimantés, qui continuent de voler entre nos tempes, de nous virevolter dans l'âme ou en je ne sais quelle partie du corps, alors qu'on a refermé le livre.

L'œillet en tutu de ballerine

Les œillets que l'on dit tantôt des chartreux, tantôt des poètes, poussent en touffes, en colonies modestes, circonscrites en elles-mêmes, aux bords des parterres, dans un surplomb sans insolence sur le monde.

Comme ils ne peuvent se reproduire par propagation végétative car n'ayant ni bulbe ni stolons ni tubercules, moins encore de rhizome, les œillets remettent tout espoir de se perpétrer dans leurs fleurs, lesquelles, fécondées, donneront des fruits déhiscents, en capsules sèches à quatre valves, près d'éclater dans une hausse des températures, plus sûrement encore à l'instant des canicules. Les capsules éclatent, les graines sont projetées dans les quatre directions cardinales, égaillées, emportées plus tard par les ruissellements de la pluie ou transportées, comme je l'ai vu plusieurs fois, par les fourmis.

La fleur est un froufrou délicat et semble le tutu d'une ballerine mince et gracile, un froissement de ces jupons légers que l'on voit à la taille fine des petits rats de l'Opéra. Les fleurs sont insérées les unes à côté des autres sur l'extrémité d'un pédoncule élargi en réceptacle, formant une seule fleur au sens courant du terme.

Voilà l'œuvre d'un joaillier apportant un soin méticuleux et inventif à la composition fine et complexe de l'ensemble, et qui cherche ensuite ses couleurs, le plus souvent dans les tons roses, pourpres, violacés ou blancs, en dégradés parfois ou en veinules ou en camaïeux. Sous le froufrou, chacune des fleurs porte son trésor intime composé de dix étamines et deux styles.

Les nombreux pétales constituent une barrière pollinique lorsque la fleur est fermée : l'œillet d'abord se refuse. C'est alors comme une intrigante qui voudrait allumer des curiosités, susciter des passions, mais sans se donner, une princesse de Clèves, satisfaite de l'émeute qu'elle provoque dans les sens de ses prétendants, sans rien envisager de plus ni de mieux. Le refus ne va pas cependant durer toujours.

La fleur doit s'ouvrir pour s'offrir si elle pense à sa pérennité. Il faudra toutefois aux amants de passage une vraie audace pour oser s'aventurer dans le calice floral, s'y engloutir même tout entier, comme on voit les bourdons disparaître dans les jupons roses du pavot, à moins qu'ils ne soient dotés d'instruments précis, d'un suçoir considérable, d'une trompe assez longue et d'un déroulement prompt pour s'y frayer un chemin, effectuer une percée, s'y glisser, s'y couler, s'y enfoncer jusqu'à atteindre l'intimité de la fleur en glissements progressifs du désir. Pour cet office amoureux, ce sont donc les papillons qui sont les plus indiqués et opportuns, qui vont, tout en s'enivrant du nectar, se comporter à leur insu en véritables entremetteurs, en merveilleux agents de liaison.

Une propriété particulière des œillets, c'est que leurs étamines produisent leur pollen avant que le pistil, la partie réceptive féminine, soit à même de le recevoir : la fécondation croisée est obligée, et évite la dégénérescence, préservant ainsi les qualités naturelles de la race. Certaines plantes se moquent de toute consanguinité, s'y plaisent et s'y complaisent, sans jamais songer à en sortir, et sans que ne leur vienne jamais l'idée ou la nécessité d'imaginer autre chose, puisque cela fonctionne bien de la sorte. L'œillet n'est pas de celles-là, qui a compris selon le mode d'intelligence sensible qui lui est propre, ou porté par une autre intelligence qui ne lui appartient pas, que la fécondation croisée permet un brassage continuel des gènes, c'est-à-dire : de nouvelles combinaisons génétiques, de nouvelles potentialités en même temps que d'autres possibilités d'adaptation et d'accord au monde.

Quand la fleur est prête à être fécondée, que le temps est venu pour elle d'accueillir ses visiteurs, elle diffuse alors à la ronde son parfum le plus flagrant et capiteux, et ce sont surtout les papillons qui participent aux bacchanales.

Ce que j'ai remarqué, et cela aussi bien sur d'autres espèces florales du jardin, c'est que les fleurs qui ne sont pas fécondées continuent tout un temps d'exhaler leur parfum capiteux jusqu'à ce qu'elles se fanent, et meurent sans bruit en conservant une inutile virginité. Par contre, celles qui ont été fécondées perdent rapidement leur odeur, ne diffusent plus aucun effluve ; elles estiment sans doute toute séduction désormais superflue, et cela peut-être à tort, car en jouant les prolongations amoureuses, ne connaîtraient-elles pas d'autres liaisons, ne récolteraient-elles pas d'autres sensations, plus subtiles et exaltantes d'être désintéressées et de venir en actes gratuits ?

Enfin, il faut parler de celles-là qui, frustrées de ne pas avoir été visitées, vexées dans l'âme, aigries et furieuses que l'on n'ait pas succombé à leurs attraits ni répondu à leurs invitations, exhalent alors en représailles, à la face du monde, une odeur de décomposition, une vraie puanteur : c'est le remugle de la frustration, l'haleine fétide du dépit.

Parfum de fougère

C'était sans succès aucun que Jacques-Henri et moi, en notre temps, avions tenté d'abord à l'alambic, puis en repartant de la technique du châssis à graisse, de composer à partir de fougères un parfum en notes boisées, assez rude et viril, que nous destinions aux mâles de l'espèce. Faut-il croire que nous apportions moins de conviction passionnée, d'inspiration et de science quand nous ne destinions pas ce parfum aux femmes ? C'était sans penser que certaines pourraient y trouver un enchantement obscur, la fougère ajoutant à la partition olfactive l'effluve d'un mystère.

Nous en étions restés à cette constatation simple mais principale : la fougère ne produit pas de fleurs. Comment dès lors aurions-nous pu obtenir un parfum satisfaisant ? Et comment, lorsqu'on est fougère, se reproduit-on et se propage-t-on quand on n'a pas la fleur de l'attrait, quand on n'aménage pas dans sa corolle des salons de soie et des alcôves de satin pour recevoir des visiteurs ailés autour d'un bar à cocktails, les récompensant ainsi dans leur tâche de répandre le pollen sur la luisance nue du pistil, cette fécondation croisée permettant de se retrouver en graines ?

C'est une énigme qui me resta en coulisse, dans un recoin de la tête, jusqu'à ce que, l'été dernier, je me décide à la démêler. Comme on ne rencontre pas la grande fougère sur le causse où je vis – on n'y trouve que le capillaire autour des sources et au porche des grottes humides et, au pied des chênes, le polypode dont le rhizome a une saveur de réglisse –, je gagnai le ségala au-delà de Figeac, ces forêts lotoises en bordure du Cantal où s'achève le calcaire des plateaux et des plaines. Je retrouvai là le schiste de mes Ardennes natales, les phyllades étincelants de mica, le feuilleté serré des ardoises, tout cela d'une fissilité fascinante, comme les pages d'un large grimoire géologique en partie enfoui, en d'autres parties saillant à l'air libre, en ayant des reflets bleus quand la bruine s'y dépose, et des couleurs d'orage à l'instant des averses.

Sous la futaie et en clairières, les fougères poussaient à foison, en peuplades organisées sur un mode aléatoire et même anarchique à partir d'une structure sûre et souterraine que j'allais bientôt découvrir. J'avais emporté une petite tente canadienne, un réchaud à gaz, des victuailles et du vin. Comme la lumière déclinait, la fougeraie, en véritable forêt sous la forêt, sembla s'engorger d'une obscurité qui en accentuait le mystère. Ces populations-là s'ensommeillaient, sans frôlement et sans rumeur. La tente montée et mon petit repas terminé, j'écoutai longtemps le bruit du vent dans les branches tout en fumant ma pipe ; des entrelacs bleuâtres se formaient autour de ma tête et tardaient à se dissiper dans le sous-bois.

Au matin la fougeraie me parut enchantée, comme un tableau naïf où tous les détails sont tracés, une œuvre du Douanier Rousseau où l'on s'attend à voir paraître inopinément entre les tiges un tigre ou un sajou à longue queue préhensile et aux yeux exorbités.

Les feuilles que l'on nomme frondes, fort découpées, dentelées, n'ont pas de tronc pour les porter ; elles sont simplement tenues droites par un pédoncule qui se poursuit dans les lobes ; enroulées en crosse au début de leur développement, cllcs sc dćroulcnt à mesure qu'elles croissent, comme autant de spirales qui se dévident dans une aspiration par le haut.

Pour mieux comprendre leur structure de vie, il me fallait visiter le sous-sol. Je grattai la terre d'abord avec les doigts puis en m'aidant d'une petite sarclette, et je mis à nu un réseau souterrain de racines, qui constitue le véritable support de la plante, sa tige primordiale et enfouie, son rhizome caché, clandestin, figurant en quelque sorte la structure dérobée du « mythe naturel » qui les fonde.

Les racines adventives épuisent le sol à partir du rhizome : c'est une activité qui se passe en cachette, ignorée du monde et privée de lumière, une vie faite de tâtonnements, d'extensions, d'élans qui les portent toujours plus loin par des ramifications. Ces racines se nourrissent dans le noir, avidement, par des bouches jamais vues, jamais même nommées, l'assimilation des matières s'opérant au gré d'un appétit qui évolue à juste mesure.

J'observai, m'aidant d'une loupe, que l'envers des feuilles, dans leur partie supérieure, portait en colonies bien alignées des boules recouvertes d'une mince pelure gris bleuâtre qui finissait par disparaître, révélant alors comme des ocelles brunâtres. Ces taches arrondies renferment des grains à peine visibles à l'œil nu, les sporanges où se forment des gamètes mâles et femelles.

Au cours de cette existence solitaire au milieu des forêts, et toujours à proximité de la grande fougeraie, je ne cessais d'être témoin d'autres événements. Tant de miracles de vie, de prodiges et d'exploits naturels étaient à surprendre, à partager et à comprendre, des traits à retenir, des rites curieux à saisir, toutes sortes de détails qui s'accumulent avant que l'on comprenne ce que signifie leur somme, les parties d'un processus d'épanouissement ou d'un cycle de développement. J'observai le roitelet poussant ses cris, aiguille dans les branches des épicéas, je distinguai le trille des pinsons dont les dernières notes permettent de connaître leurs origines frontalières. J'assistai à un combat de lucanes cerfs-volants, je vis à la jumelle un geai entrouvrir du bec une fourmilière pour se rouler dans le grouillement des fourmis effarouchées et se libérer ainsi de ses parasites. Des couleuvres à collier se coulaient parfois dans la fougeraie, laquelle était survolée la nuit par un couple de chouettes chevêches qui nichait dans une crevasse rocheuse. Mais le spectacle le plus étonnant fut le combat que se livraient deux vipères aspics mâles, se disputant ainsi le privilège d'ensemencer une femelle installée un peu en surplomb, enroulée sur elle-même, et qui observait fixement les belligérants, sa tête triangulaire bien dressée. Les adversaires se prenaient au corps, s'emmêlaient l'un dans l'autre en lignes courbes, en une suite d'entrelacs, d'ondoiements rapides, de coulissements nerveux, de façon à plaquer le rival au sol, à l'immobiliser un temps et à gagner ainsi la partie. Il est à noter que ni l'un ni l'autre n'utilisent alors jamais leurs crochets à venin : leur tournoi est dans cette règle morale. Le vainqueur rejoignit ensuite la belle pour d'autres enlacements sans fin, d'autres ondoiements dans un registre plus voluptueux

Entre-temps, les fougères venaient de passer à une autre étape de leur épanouissement, et je repris mes observations. Les sporanges parvenus à maturité, en séchant, se fendaient, se fissuraient finement et, comme on se libère d'un lest, expulsaient des spores, lesquelles tombaient au sol, ci et là. Comme les conditions de température et d'humidité leur étaient favorables, les spores germaient bientôt, en petites lamelles, vertes et aplaties, se développaient chacune en une petite plante minuscule en forme de cœur. Très exactement d'une forme cordée, de coquillage inversé, comme si résidait là, en dehors d'elle, le pacte amoureux de la fougère ne songeant qu'à se perpétuer à l'envi.

M'aidant encore de la loupe je distinguai alors nettement dans ces cœurs les organes sexuels, et je remarquai que la fécondation n'était possible que grâce à la présence d'un peu d'eau contenue dans la coupelle : cette humidité lacrymale est nécessaire, qui fait enfler et s'ouvrir les parties, portées alors à l'union.

La fécondation étant réussie, l'ovule se divise et donne le jour à une première racine et à une première feuille qui résume déjà par la perfection complète des détails toute la fougère en devenir ; d'une taille lilliputienne quand elle apparaît, on la devine fragile mais intense dans son entêtement et son empressement à se déployer, à croître et à se dérouler en spirale par le haut ; avide de lumière, toute son ambition est de rejoindre au plus tôt le rang des grandes et de s'inscrire à maturité dans la colonie.

L'énigme était pour moi démêlée, et je démontai ma tente, m'enivrant un peu du vin qui me restait en écoutant encore la rumeur océane du vent dans les cimes. Quand je m'en allai au soleil couchant qui allongeait les ombres, j'eus l'impression, et plus que l'impression, de porter désormais cette fougeraie dans l'âme.

Par contre, ce qui continue encore aujourd'hui de m'intriguer, c'est cette sexualité particulière des fougères qui se passe en dehors de soi, cette fécondation extérieure, dégagée, presque étrangère ou anonyme, où l'union des parties mâles et féminines se fait à partir de ces formes de cœur larguées, séparées des frondes, dans un mouvement de désinvolture et d'indifférence. Mais comment savoir si cette forme d'amour végétal, elle, se développe également tout entière « au dehors » ? Le plaisir libre et subtil de la fougère, sa sensibilité même, serait-il dans ce détachement ?

L'amour au miroir

Narcisse, dit la légende, était le fils d'un fleuve. Célèbre pour sa beauté, et plein de suffisance naïve, il se montrait d'un orgueil si démesuré que Junon résolut de le punir en lui jetant un sort particulier, celui de s'éprendre un jour d'un être qui ne pourrait jamais l'aimer en retour.

Écho s'était follement entichée de lui, répétant à l'instant – en temps réel, dirait-on aujourd'hui – fidèlement les paroles de l'aimé et les répercutant en ricochets sonores dans l'espace. Mais Narcisse la repoussa, et Écho, de dépit, se changea en rocher, ne laissant au monde que sa voix.

À quelque temps de là, Narcisse, se penchant sur l'eau d'une source, aperçut son propre reflet et tomba amoureux de lui-même, désespéré ensuite de ne pouvoir saisir ce sosie, ce jumeau, cet autre lui-même d'une égale beauté dont, seul, il pouvait s'éprendre. Narcisse trouva bientôt insupportable de contempler sans fin celui qu'il ne pouvait posséder, et il voulut rejoindre son reflet, se rejoindre lui-même en franchissant toute frontière, passant de l'autre côté du miroir, sans pouvoir faire autrement que de le faire voler en éclats ; il se noya dans l'onde et ses cheveux se changèrent en narcisses.

Voilà le mythe de l'origine de cette fleur fort odorante qui nous occupe aujourd'hui, et dont il nous semble qu'elle conserve dans son port et son maintien l'orgueil lisse de la légende, s'éprouvant sans doute idéale, sans jamais ressentir la moindre nécessité de se parfaire.

Une intelligence sensible a conçu pour elle une stratégie amoureuse simple, en même temps subtile, qui lui conserve longtemps une allure virginale, que rien, apparemment, ne peut troubler ni atteindre.

Au naturel, tout narcisse, vivace et glabre, débute en bulbe et se termine en bulbe, en revenant sur lui-même, au hasard de son développement. C'est l'oignon où il se retranche en hiver, se préserve ainsi des intempéries et du gel, enclos dans sa coquille, tel un moine dans sa cellule, l'anachorète dans une grotte dont il obstrue presque tout à fait l'ouverture. Il mène là une vie souterraine, clandestine, en léthargie, en sommeil temporaire, le bulbe ovale s'enveloppant, pour mieux encore se protéger, de capes membraneuses. Mais dès février, et quelquefois fin janvier selon les années, un germe perce le bulbe en son sommet : c'est un cri vert, invincible, un effort d'abord minuscule, ténu mais dur et déjà considérable, comme le chaton aigu d'une bague, qui grandit, porté, soulevé par une force intérieure. Ce cri vert pousse sans répit, insensiblement, et, se créant plus d'espace, se divise par degrés en lamelles droites.

Ce sont les feuilles, linéaires, étroites, allongées, et tirées, aspirées par le haut, au milieu des lumières encore hivernales. Par moments, on dirait que la poussée s'interrompt, s'accorde un répit, un long temps en suspens, sans doute pour se recueillir, réunir toutes ses forces, reprendre même une respiration par tous les pores, avant de repartir de plus belle, toujours droite, altière, même si toujours plus divisée.

Au centre des lamelles la tige qui portera la fleur pointe et croît de concert, avide d'espace neuf, assoiffée de lumière, et empressée, pétrie d'une impatience souveraine. Comme si elle se hâtait vers le lieu de ses noces prochaines, ce lieu intime d'abord logé en elle-même.

Chaque fleur éclose est solitaire. Des pétales et sépales disposés en collerette d'un blanc jaune très pâle, délicat, virginal, sont en surplomb de la corolle proprement dite ; ils servent à mettre celle-ci en évidence et en valeur, la parent d'un ornement princier, la préparent à une espèce de gloire rayonnante.

Cette corolle a la forme d'un entonnoir tissé de satin, imperceptiblement froissé ou strié très finement dans la texture quand on l'observe sous la loupe. Le tube central est légèrement évasé, et on dirait, entre ombre et soleil, un abat-jour circulaire d'un jaune orangé.

S'étant tout entière déployée hors de son bourgeon, parfaite en tout, *idéale, accomplie,* la fleur alors se penche un peu, s'incline à l'extrémité de la tige ; c'est une manière de grâce. Comme elle n'est entraînée ainsi que par un poids absolument dérisoire, on peut voir là, de sa part, une volonté, un caprice ou une stratégie obligeant le visiteur ailé à partir de dessous elle et à exécuter une petite ascension pour l'atteindre au cercle sensible. Cette montée vers elle la flatte assurément dans son orgueil.

Au cœur de la corolle six étamines se distinguent, bien droites, dirigées, alors que le pistil est mince, son stigmate très ténu, discret, invisible à l'œil nu et cependant sans doute suprasensible. Les six étamines sont disposées autour d'une tige rigide, dressée comme un mât de cocagne, le poteau central d'un manège ou une barre d'exercice, à laquelle le visiteur pourra se cramponner pendant la sucée et la fouille intime. La fleur de narcisse veut d'un amant qui soit tout ensemble funambule, saltimbanque et acrobate. L'amour doit rester voltigeant, agile et aérien ; la morale amoureuse est inscrite d'abord dans l'anatomie florale.

C'est seulement alors, se sentant tout à fait prête, s'offrant à toutes les noces possibles et imaginables, brûlée d'un feu sensible, d'un sang transparent qui court plus vite dans ses veinules, que la fleur diffuse sa fragrance.

Attaché à lui-même, et s'étant construit en une figure de haute perfection, le narcisse ne voudrait-il pas alors s'énamourer d'un autre qu'il confondrait avec soi ? se prendre de passion pour quelque étrangère sans s'apercevoir qu'il s'agit de lui ?

Le voilà au piège du miroir, au leurre du reflet. La sublimation n'est pas la négation du désir, elle ne s'oppose pas à l'instinct ni à l'intelligence de la fleur. Cette idéalisation de soi se lie et se conjugue à une espérance, elle voudrait annexer le monde entier, comme si l'univers environnant se reflétait en lui et l'enveloppait en retour.

Le parfum qu'il délivre sans pouvoir s'en empêcher, comme malgré lui, en dépit de tout, et comme si la nature ne voulait pas se rendre à la fatalité de la légende, est entêtant, imprégnant, capiteux, et pourtant on ne s'en aperçoit qu'après coup, qu'après l'avoir très furtivement respiré. Cette odeur agit alors sournoisement comme une narcose, elle engourdit les sens, ensommeille la passion, envoûte le cœur et oblige le visiteur à moins d'ardeur ou d'empressement brutal ; elle conduit au contraire l'amant, dans son office à féconder la fleur, à s'exécuter en toute délicatesse alors que le temps de l'étreinte s'est soudainement alenti.

Le narcisse donne des fruits à trois angles, en trigones, les graines étant enfermées dans des sortes de sacoches ou de scapulaires qui se fissurent en juin, parvenues à maturité, en s'accompagnant de l'étiolement des feuilles. Ces semences-là se disséminent sous la plante ou dans la proximité, parfois portées par le vent et parfois emportées par les minces ruisseaux de la pluie, et l'on voit au printemps suivant se former çà et là des touffes denses de feuilles allongées et étroites, au centre desquelles croît déjà, de concert, la tige qui portera la fleur solitaire.

Le monde entier dans une fleur d'oranger

À Pâques, cette année-là, des amis professeurs m'avaient prêté une maison de village dans la vallée de la Vera, à l'est de Salamanque et non loin de Valverde ; j'étais alors entre deux cycles de conférences, dans une attente tranquille, un temps de pause, une vie comme en suspens ou entre parenthèses.

De la terrasse couverte on avait une vue sur des cimes encore enneigées, le versant sud avec les cerisiers de la Jerte, et des amandiers erratiques, un torrent en cavalcade de verre qui fouettait à pleins éperons dans la rupture des rochers, en accumulant de l'écume dans les vasques d'érosion.

La maison, petite, aux ouvertures étroites, avec son plafond bas, les solives noircies au fil des ans par la fumée des flambées de sarments secs dans la cheminée, était dotée d'un jardin clos où s'épanouissait un seul oranger.

Cet arbre-là, exotique pour moi, d'être mis

ainsi en évidence, prenait une dimension étonnante, une vraie présence chargée d'un magnétisme vert, devenait même, en le résumant, l'univers entier. C'était vers ses branches en fleurs et en fruits que mes yeux revenaient quand je relevais par instants la tête du livre où j'étais enlisé ; je relisais *Apologie des sens**, et les pages, les phrases, certains passages si forts, fertiles et denses semblaient alors se prolonger en moi comme en dehors de moi, résonner et se circonscrire aux murs chaulés du jardin, se matérialiser à pleine mesure au cœur même de l'oranger dont je ne doutais pas qu'il partageât avec moi le plaisir simple et complexe qu'il y a dans la vie même.

Sans doute avait-il des sensations plutôt que des sentiments, des perceptions en place de pensées, une science empirique plutôt qu'un esprit pascalien de géométrie, mais cela n'empêchait pas, dans son attachement physique au lieu, qu'il eût plaisir à grandir, à s'étirer, à s'élancer et s'étoffer, à croître, en même temps qu'à enfouir ses racines, à s'enorgueillir chaque année d'un nouveau cercle sous son écorce, à se couvrir de feuilles, de fleurs et de fruits, dans une floraison continue.

Sans doute cet oranger n'était-il pas (jusqu'à

* L'un des essais les plus étonnants de John Cowper Powys.

preuve du contraire) conscient de lui-même, n'avait-il pas la perception de sa propre présence, mais tout comme moi, et comme tous les êtres animés et inanimés de la terre, il participait de la Cause première, du monde des dieux ou des esprits, ou simplement de l'énergie vitale créatrice, de la grande aventure débridée et inventive de l'évolution. Nous étions, lui et moi, du même élan premier, parties du même matelotage de la vie, en correspondance ou comme dans des mondes parallèles, avec des langages, une intelligence et des sens différents, en communication pourtant, puisque les choses communiquent mieux entre elles quand nous n'y mettons aucun lien.

Est-ce à force d'empathie ou de confusion sensuelle ? Lorsque les abeilles visitaient les fleurs de l'oranger, ces fleurs blanches qui ont un éclat de neige, une haleine virginale, et semblent chacune un sceau de givre étoilé au milieu de la lumière solaire, j'avais physiquement l'impression que ce butinage se faisait dans ma chair, j'avais la sensation d'être fouillé par des pattes et des trompes, visité au cœur intime de moi-même. La sexualité de l'oranger devenait la mienne tant je me fondais et me confondais, me coulais sous l'écorce, respirais d'une manière inédite, élaborant même une sorte de chlorophylle. Je m'égarais dans son être, coulais dans sa structure comme une cire perdue pour en garder en moi l'empreinte. Et parfois je fermais les yeux pour mieux faire partie de l'image ; dans un effacement de soi, je devenais, j'étais devenu cet oranger, passé dans un autre monde, d'une nature à une autre.

Le bourdonnement incessant des abeilles dans leur office matrimonial m'emplissait l'espace entre les tempes et mon regard se peuplait sans fin de ces feuilles ovales, luisantes et cireuses, de ces fleurs blanches et stellaires, qui figuraient une virginité sans cesse reconduite, des noces sans cesse reproduites, semblables et pourtant jamais pareilles.

Quant au parfum qu'exhalent les fleurs ne sert-il vraiment qu'à attirer les visiteurs, les pilleurs sans vergogne, les amants errants et les soupirants assoiffés de nectar ? Ce n'est pas sûr quand des espèces florales ont opté pour la fécondation croisée et que toute intrusion leur est alors inutile, indifférente ou importune. L'âme des fleurs serait-elle alors sa fragrance ? Le parfum serait-il le plaisir d'exhaler son âme, d'embaumer l'air alentour, d'encenser ce qui nous entoure ? C'est une bouffée de bonheur à respirer, exprimée à la ronde, et qui fait de nous des êtres aériens quand des quatre éléments l'air est celui qui nous est le plus indispensable.

C'est dans un ouvrage trouvé dans la bibliothèque de cette maison prêtée, que j'appris que l'eau d'oranger s'obtient à partir des fleurs d'une espèce voisine, le bigaradier, dit aussi l'oranger amer, lui aussi en floraison continue, sans cesse en robe de mariée. Le faîte de ses rameaux se couvre de fleurs blanches disposées en bouquets et dès que se forment les fruits, les pétales tombent au sol. Ils sont ramassés le plus promptement afin de ne pas en perdre la blancheur et distillés ensuite. Les marins au long cours racontent qu'à Lisbonne, les femmes du port se parfumaient le haut des cuisses avec de l'eau de fleurs d'oranger.

En fin de jour, lorsque les ombres s'épaississaient imperceptiblement dans le jardin, se cousaient les unes aux autres sans bruits et composaient graduellement, par rapiècements ou à la façon d'un patchwork, le manteau de la nuit, je décrochais une orange de l'arbre et rentrais dans la maison, la tenant entre les doigts.

C'était alors pour moi un office païen, l'occasion d'une célébration, une offrande dans l'ombre. Cette orange, dans son heure de gloire d'être une orange, était en même temps le fruit de mes observations. J'en parcourais la rondeur sous les paumes avant de l'écorcer soigneusement avec les doigts ou avec un couteau, déroulant l'écorce en une spirale qui s'étirait en rebondissant mollement. Puis, avec les ongles, je grattais la mince pelure amère autour des quartiers réunis, agencés parfaitement en formant une sorte de globe.

Quelle ébriété pure quand j'ouvrais l'orange dans l'ombre ! Un craquement sec : un jet acide, vaporeux, jaillissait de la déchirure, et j'avais des braises d'or humide dans les mains.

Je glissais un quartier dans la bouche, entre mes lèvres, le suçais, le pressais contre les gencives ou au palais ; la pulpe fondait, le jus acide se liait à la salive, et la langue s'irritait délicieusement, les papilles s'illuminaient, tandis que le suc de l'orange, en séchant rapidement sur mes lèvres, les serrait, les scellait d'un lien indicible d'amertume.

J'avalais par petites goulées lumineuses, des boules de feu et de pulpe, la bouche brûlant de l'acidité du fruit, cette acidité qui roulait au plus obscur des fibres, imprégnait les muscles, comme lorsque la brume se résorbe et que des coulées d'or incendient les sous-bois. L'orange avait frayé en moi une échappée lumineuse.

À l'ombre d'un seringa

Pendant tout un temps j'ai observé une colonie de pucerons noirs parasites sur l'écorce d'un seringa, les découvrant sous la loupe agités, turbulents, tels des petits êtres d'une substance élastique, mus en tous sens comme par des secousses électriques, jusqu'à ce que des coccinelles apparaissent de part et d'autre et commencent à s'en repaître. De ce festin-là, j'avais été témoin plusieurs fois, et pensant, à tort sans doute, que je n'avais plus rien à en apprendre, pour une fois assez oisif, dans une sorte de vacuité, je me suis assis sous ce seringa vieux de plusieurs dizaines d'années, vénérable à la manière d'un sage chinois, et qui étendait sur une partie du jardin son ombre odorante, d'un parfum qui rappelle (je trouve) celui des fleurs de l'oranger de la Vera.

Les fleurs elles-mêmes sont d'une semblable blancheur neigeuse, à quatre pétales, chacune dans une offrande personnelle, dans un défi individuel à la vie, portant un bouquet d'étamines à filets blancs et des loges polliniques d'un jaune mûr au milieu. On fit du seringa un symbole de la mémoire, sans doute en raison de sa fragrance très persistance qui se prolonge longtemps dans l'âme, et son nom vint étymologiquement, dit-on, de la coutume ancienne qui consistait à évider les tiges de leur moelle pour en faire des seringues.

Pendant qu'en un ballet incessant des abeilles vont, viennent, volettent d'une fleur à l'autre, pillent le pollen et s'abreuvent de nectar, créant alentour un silence bourdonnant, peut-être même comme la lointaine bruissante musique des sphères, il me semble opérer sur place un lent retour en arrière, retracer les épisodes précédents en une sorte de flash-back, et j'en reviens au milieu des années quatre-vingt lorsque a débuté pour moi, en une suite de visitations de plus en plus précises, cette passion pour les rites amoureux du monde animal.

Dès le départ je pensais sans beaucoup me tromper que ces rituels-là éclaireraient les nôtres, qu'il y avait comme une réconciliation à opérer par la connaissance et la reconnaissance des espèces ; c'était passionnant, à chaque fois, à chaque incursion, à chaque frontière franchie, plein d'instructions et de surprises, mais je ne songeais alors aucunement à en faire des livres, à devoir littéralement un jour me délivrer de toute une matière d'observation accumulée, engrangée dans les alvéoles de la mémoire et proche parfois de céder à un imaginaire. Et me voilà, une vingtaine d'années plus tard assis sous ce seringa, avec neuf livres parus dont le dernier rejoint le premier au hasard d'un long et complexe développement, dix-huit cents pages plus loin.

On dit qu'il n'y a plus rien à découvrir, que tout a été conquis, civilisé, évangélisé, américanisé, que tous les êtres ont été réduits, assujettis et formatés sur un même modèle imposé, et que toutes les terres ont été explorées, colonisées, pillées, polluées pour mieux se les approprier, et pourtant le paysage proche que j'aperçois de ma fenêtre où tant de mondes se croisent, où tant de territoires d'oiseaux, d'insectes, de fibres végétales et de rongeurs se mêlent en restant pourtant chacun distinct, demeure à mes yeux, à tous mes sens, un spectacle intact et pour une très large part encore, une terre inconnue.

Pendant vingt années j'ai été un explorateur dans la contiguïté, j'ai fouillé le voisinage, visité les lieux circonvoisins, j'étais dans l'imminence et la beauté immédiate, un conquistador qui avait davantage le dessein d'être conquis que de conquérir quoi que ce soit. J'ai été un Vasco de Gama, découvrant à chaque fois un nouveau monde rien qu'en dépassant les lisières d'une forêt ou en me penchant sur la vitre des eaux dormantes, sans avoir nul besoin de franchir les océans ni de courir aux confins de la terre. J'étais un Magellan plongeant du regard dans les corolles, écartant les joncs, logeant dans les garennes, suivant la ligne d'un lièvre, volant au ciel, observant des machaons en terrariums et des tritons alpestres en aquariums. Il y avait cent expéditions à entreprendre dans la proximité. D'ailleurs, on ne peut voyager loin si on ne sait voyager près. Avant tout il faut parvenir à voyager profond. C'est une chose qui se perçoit, s'apprend, s'amplifie, s'affine : entretenir, où que l'on soit, des rapports semblables avec le sol, le sous-sol et le ciel étoilé. Le génie du lieu nous procure toujours ce qu'il nous faut pour nous situer dans la même équation d'existence, le même dénominateur commun qui est notre double appartenance à nous-mêmes et au monde.

Ainsi j'ai visité les univers différents, j'ai franchi les frontières infrangibles, les ruisseaux et les orées, les cercles privés de telle ou telle espèce, observé la vie des mares et des étangs, des criques des côtes sauvages pour *La Sexualité d'un plateau de fruits de mer ;* j'ai été sous les eaux et dans les airs, dans le monde souterrain, l'en-deçà des terriers et des antres, me coulant sous les écorces, parcourant les forêts dans l'esprit jüngérien du *Traité du rebelle,* empruntant enfin les ailes de l'outarde ou du coucou. J'ai vécu mille vies, j'ai revêtu mille apparences, caméléon me fondant dans des décors successifs, curieux de tout, avide de savoirs, de sciences sensibles et de partages quand la curiosité est notre première contribution à la beauté tantôt merveilleuse tantôt monstrueuse du monde.

De toutes ces expéditions de reconnaissance entreprises dans la proximité, je rentrais à chaque fois les yeux barbouillés d'images, les oreilles pleines de cris, de trilles et de couinements, les doigts gardant la mémoire du toucher des pelages et des plumages. Et le soir, avant de sombrer dans le sommeil, je revoyais l'araignée argyronète sous sa cloche à plongeur, les cercles tantôt excentriques tantôt concentriques d'un couple de milans royaux renouvelant le pacte amoureux et réactualisant par le vol nuptial l'événement premier de leur rencontre alors qu'ailleurs avaient lieu les noces d'écume des escargots, les enlacements lascifs des couleuvres et les tournois du raire, la parade des coqs de bruyère, la chorégraphie aquatique des salamandres.

À chaque nouveau rituel amoureux observé, par empathie, par une sorte de confusion nécessaire ou un genre de médiumnité, en un court-circuit intime j'y trouvais une nouvelle connaissance pour moi-même, un rapprochement d'évidence, et une compréhension fragmentaire de mes propres fascinations, de mes engouements et de mes entichements passagers : mon propre désir amoureux s'en trouvait éclairé au sein même, mystérieux, des aimantations électives. Passant d'un monde à l'autre, toute une matière d'observations s'accumulait en moi, à travers les sens, et, me retrouvant périodiquement comme oppressé, j'étais contraint de la sortir de moi. Écrire un livre c'est se livrer et mieux encore, se délivrer, non pas d'un faix ou d'un fantasme mais de tout cela qui commençait à macérer et à s'alcooliser dangereusement dans la mémoire.

Il fallait alors à tout le moins une écriture, et mieux encore, un style. J'ai mis tant de siècles à trouver cette écriture en fil de rasoir, au partage du miroir, en réplication et en échange de morphologies, toute vraie connaissance s'exerçant toujours, selon le mot de Goethe, en symétrie entre l'autre et soi-même. À condition d'une rigueur, dans le souci toujours de respecter la réalité de l'autre et de la rapporter fidèlement, de la façon la plus précise possible, tel un maniaque émerveillé, je parlais en même temps de nous, de nos amours humaines, porté par un désir de réconciliation avec cette animalité que nous continuons de porter dans nos fibres, nos cellules, notre mémoire géologique et notre imaginaire.

Dans son discours de réception à l'Académie française en 1753, qui porte sur le style, justement, Buffon condamne « les écrits sans art, les ouvrages faits de pièces de rapport, et si peu qui soient fondus d'un seul jet, car il ne suffit pas de frapper l'oreille et d'occuper les yeux, il faut agir sur l'âme et toucher le cœur en parlant à l'esprit ».

« L'esprit humain, dit-il, ne peut rien créer ; il ne produira qu'après avoir été fécondé par l'expérience et la méditation ; ses connaissances sont les germes de ses productions : mais s'il imite la nature dans sa marche et dans son travail, il s'apercevra aisément de l'instant auquel il doit prendre la plume, il sentira le point de maturité de la production de l'esprit, il sera pressé de la faire éclore, il n'aura même que du plaisir à écrire : les idées se succéderont aisément, et le style sera naturel et facile ; la chaleur naîtra de ce plaisir, se répandra partout, et donnera de la vie à chaque expression ; tout s'animera ; le ton s'élèvera, les objets prendront de la couleur ; et le sentiment, se joignant à la lumière, l'augmentera, la portera plus loin, la fera passer de ce que l'on dit à ce que l'on va dire. »

« Les ouvrages bien écrits, conclut Buffon, seront les seuls qui passeront à la postérité : la quantité des connaissances, la singularité des faits, la nouveauté même des découvertes, ne sont pas de sûrs garants de l'immortalité : si les ouvrages sont écrits sans goût, sans noblesse et sans génie, ils périront, parce que les connaissances, les faits et les découvertes s'enlèvent aisément, se transportent et gagnent même à être mis en œuvre par des mains plus habiles. Ces choses sont hors de l'homme, le style est l'homme même. »

Bien évidemment je ne suis pas pour ma part préoccupé d'immortalité, ni même de postérité, quand je suis de ceux qui pensent que seul le présent turbulent où s'inscrit notre vie importe et que « si la mort n'existait pas, il faudrait l'inventer ». Mais je suis assez d'avis avec Buffon que la forme seule donne au fond sa valeur et son évidence, sa force fertile et sensuelle, son effet de fascination nécessaire : il procure le plaisir par surcroît. Le style n'est tel en effet que par le nombre infini des vérités qu'il présente. Toutes les beautés intellectuelles qui s'y trouvent, tous les rapports dont il est composé, sont autant de vérités aussi utiles, et peut-être plus précieuses pour l'esprit humain que ceux qui peuvent faire le fond du sujet.

Alors que s'achève pour moi ce cycle de *L'Amour au naturel*, je me rappelle cela que disait mon grand-père le chansonnier et le conteur, que l'on devient intelligent quand on prend conscience qu'on ne sait rien, mais que pour le savoir il faut en apprendre beaucoup. C'est le paradoxe même de la passion. Et pourtant, de toute cette aventure nombreuse, je garde une possibilité d'étonnement intacte, toute ma faculté d'émerveillement, comme au premier jour. Je reste sur le seuil d'une planète inconnue, observant cette partie du monde qui contient le monde entier, comme une feuille par ses nervures lues et déchiffrées à la lumière résume la forme de l'arbre en devenir. Cela que recueillaient mes sens s'est progressivement chargé de sens, et à présent ce savoir sensible s'élague sur son plus essentiel élan, dans un partage immédiat, le plaisir d'exister qui est d'abord dans le miracle de se sentir respirer et de prendre présence dans le présent. Je suis là, assis sous ce seringa pareil à tous les seringas du monde et pourtant unique en son genre ; mon regard s'est empli de l'espace du jardin, et il y a en moi, au milieu de moi, comme une sérénité, quelque chose d'assouvi à la manière d'un désir.

Un critique disait récemment de moi que mes *Histoires du plaisir d'exister*, mes essais d'ouverture, mes ouvrages de transcription des mythes de l'origine et de la création et les neuf volumes de *L'Amour au naturel* composaient en fait par degrés, par pièces ajoutées, « un gigantesque autoportrait ». Ce trait-là, sur le moment, m'a surpris. Mais à la réflexion : pourquoi non ? à condition d'un autoportrait non égocentré.

Jamais je ne perds de vue que chaque espèce, et chaque individu de chaque espèce, a son monde dans le monde, une vision particulière de l'espace et un temps tout aussi particulier qui lui est imparti. Toujours j'ai conscience que le centre de l'univers, qui est à la fois nulle part et partout, est assurément en chacun des êtres évoluant à partir de son propre pôle de gravité.

D'établir un principe d'égalité ou d'inégalité entre les êtres, qu'ils soient sauterelles, fouines, éperviers, loutres, langoustes ou à figures humaines, de fixer même une hiérarchie entre les espèces vivantes, nous réduit tous de toute manière quand nous sommes plus et mieux que cela : des êtres semblables existant en proportion les uns des autres, chacun dans les coordonnées, les propriétés, les aptitudes et les appétits qui sont les siens, dans la présence à soi, dans le partage de la vie, en faisant l'expérience de ses palpitations et de sa propre pesanteur. Je parle désormais de l'animalité du semblable et de l'humanité du semblable. Et comme le soir tombe à petits carreaux d'ombre vineuse dans le jardin, avant de rentrer je froisse quelques pétales neigeux de seringa pour en exhaler tout le parfum envoûtant au pli de la paume.

Table

3. LES MATINS DU MONDE

Les Aubes sauvages (Seghers)
Les Aubes enchantées (Seghers)
Les Naissances de la femme (Seghers, Le Grand Livre du Mois)
Le Chant de soi-même (Julliard)
Le Feu sacré (Julliard)
La Symphonie des eaux (en préparation)
Recours à la danse païenne (en préparation)

4. LES ESSAIS D'OUVERTURE

Livret pour les temps présents (Le Relié)
La littérature prend le maquis (Sens & Tonka)
L'Amour sur parole (La Maisnie Trédaniel)
Retour émerveillé au monde (Fayard, Mille et Une Nuits)
La Reconquête du présent par 64 portes ouvertes (en préparation)
Une religion de l'évidence (en projet)

5. L'AMOUR, UNE AFFAIRE FRANÇAISE (*en préparation*)

1. *Les Noms de la rose*
2. *L'Hôpital d'amours*
3. *La Dignité des braguettes*
4. *La Carte du Tendre*

6. LA VIE PERSONNELLE

Celui qui oublie où conduit le chemin (Robert Laffont)
Le Ravissement (Robert Laffont)
Histoires du plaisir d'exister (Julliard, Pocket)
Petite Tribu de femmes (Julliard, Pocket, Le Grand Livre du Mois)
Un camp retranché en France (en préparation)
Strogoff (en préparation)

Peintures et pictogrammes

Premiers émois (Le Pré aux sources)
Recours aux couleurs (Le Grand Miroir)
Noir profond (Calligramme)
D'or et d'ombre (Sens &Tonka)
Une nouvelle constellation (en préparation)
La Mesure du monde (en projet)

Site Web :
www.jean-pierre-otte.com

Cet ouvrage a été imprimé en France par

CPI
Bussière

à Saint-Amand-Montrond (Cher)
pour le compte des Éditions Julliard
en mars 2009

La photocomposition de cet ouvrage
a été réalisée par
GRAPHIC HAINAUT
59163 Condé-sur-l'Escaut

N° d'édition : 49569/01. — N° d'impression : 090845/1.
Dépôt légal : avril 2009.